KB267799

한반도
30억 년의 **비밀**

3부 - 불의 시대

한반도 30억 년의 비밀

● 3부 불의 시대

글 / 유정아

감수 / 권성택 교수

푸른숲

한반도의 화산 폭발 흔적을 찾아서

제주도나 백두산에 올라본 사람이라면 그 웅장한 절경에 감탄을 금치 못한다. 그리고 많은 이들은 그 장소에 왜 그러한 절경이 있을까 하는 의문을 한 번쯤은 품어보았을 것이다. 그러나 그때 그 자리에서 의문이 풀리는 경우는 거의 없다. 옆에 시원스럽게 대답을 해주는 사람이 없기 때문에 그냥 지나치고 마는 경우가 대부분일 것이다. 더군다나 우리 주변의 자연(특히 돌과 산)에 대한 사람들의 호기심을 시원스럽게 풀어주는 책이 그 동안 매우 드물었다.

그러나 이제 이 책이 그와 같은 우리 자연에 대한 호기심을 어느 정도 해결해줄 수 있으리라 생각된다.

이 책의 제목인 〈불의 시대〉는 한반도에서 화산이 활동한 시대를 말한다. 일반적으로 우리나라 사람들은 한반도와 화산은 아무 관계가 없다고 생각하거나, 관계가 있다고 해도 기껏해야 제주도와 백두산 정도를 떠올린다. 백악기 동안 한반도에 활발한 화산 활동이 있었다는 사실을 알지 못하기 때문이다.

공룡들이 아직도 살아 있던 약 9천만 년 전부터 한반도 곳곳에서는 격렬한 화산 활동이 있었다. 오늘날 우리가 지구상에서 볼 수 있는 어떠한 화산 활동보다 훨씬 더 격렬했고 훨씬 넓은 지역에서 일어났다. 당시의 한반도는 마치 끓는 용광로와 같았을 것이다.

이 시기 화산 활동의 흔적은 지금도 남아 있을까? 이 책은 약

3천만 년 동안 한반도 남부인 경상도와 전라도 지역에서 있었던 화산 폭발의 흔적을 찾아가고 있다. 경북 의성의 금성산, 청송의 주왕산, 광주의 무등산 등이 그것이다. 또한 백악기 이후에 있었던 제주도, 울릉도, 독도의 화산 활동을 알기 쉽게 설명하고, 마지막으로 약 천 년 전에 일어난 역사적인 규모의 백두산 폭발을 살펴본다. 그럼으로써 이 땅 한반도 한민족의 역사보다 오래된 화산의 존재를 증명한다.

　화산은 왜, 어떻게 만들어지는 것일까? 화산 폭발은 인간 역사에 어떤 영향을 끼쳤을까? 약 천 년 전에 일어난 백두산의 폭발은 의문에 싸인 발해 왕국의 멸망과 어떤 관계가 있는 것일까? 왜 지금의 한반도에서는 그런 화산 활동이 일어나지 않는 것일까? 한반도에서 다시 화산이 폭발할 가능성은 없을까? 만약 화산이 다시 폭발한다면 그에 대한 대처 방안이 있는가? 의문은 꼬리를 문다.

　이러한 의문을 갖는 사람들에게 이 책을 권하고 싶다. 우리 주변의 자연에 호기심을 갖는 것이 바로 과학을 하는 마음의 시작이며, 우리 땅에 관심을 갖는 것이 바로 자신의 정체성을 찾아가는 작은 첫걸음이다.

권 성 택
연세대학교 지구시스템과학과 교수

추천사

한반도 탄생의 비밀을 찾아서

〈한반도 탄생 30억 년의 비밀〉은 KBS가 방송 70년, KBS 50년을 기념하기 위해 심혈을 기울인 3부작 다큐멘터리이다. 우리 삶의 터전인 한반도의 비밀을 파헤쳐 우리의 정체성을 확립하는 데 도움이 되고자 하는 시도였다.

프로그램 제작 과정에서 시행착오도 적지 않았다. 한반도에 대한 지식이 처음 기대와 달리 이미 연구된 것보다 연구되어야 할 부분이 더 많았기 때문이다. 그만큼 한반도에 대한 우리의 지식은 적었고 한반도가 안고 있는 비밀은 거대했다. 시작을 위한 첫걸음이 아니었다면 제작을 끝내기 어려웠을 것이다.

방송을 준비하면서 영상매체가 갖는 특성상 지질학 전반에 대한 소개라든가 수많은 다양한 가설들, 또 한반도와 연관이 있는 다른 지역의 이야기들을 모두 다 프로그램 안에 담을 수 없다는 것이 안타까웠다. 이 모든 이야기들을 다 담아내고 방송을 통해서 촉발될 한반도 지질에 대한 관심을 좀더 구체화하기 위해서 방송을 책으로 확대시켰다. 한국 방송 사상 하나의 주제를 두고 방송과 책이 동시에 세상에 선보이는 것은 최초의 시도이다. 최초가 될 이런 시도에 많은 도움을 준 저자와 관련 교수님들, 도서출판 푸른숲 관계자들에게 감사를 드린다. 이 책이 우리 땅을 더 넓은 안목으로 사랑하는 계기가 되기를 바란다.

KBS TV1국 부주간 양성수

참여하신 분들

기획: 양성수(KBS TV1국 부주간)
연출: 김무관 · 김현기(KBS PD)
촬영: 김종환
특수영상: KBS 특수영상제작실
　황래선, 홍보선, 이두환, 홍인기, 한상진, 이미경, 공유표, 서민경, 반한성, 조성은
위성사진 협조: 원중선 교수(연세대 지구시스템과학과)
자료협조: 연세대 지구시스템과학과 권성택 교수, 동경도립대 마치다 히로시 교수
촬영협조: 대덕 기초과학지원연구소, 규슈 대학 운젠화산관측소

차례

제1장 화산 이야기

제2장 한반도에도 화산이 있었다

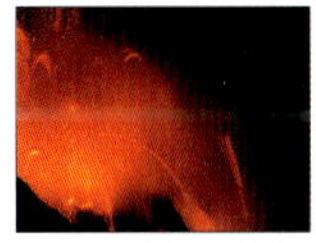

제3장   세계의 화산

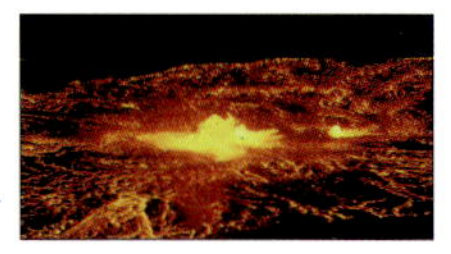

제4장   화산을 사랑한 사람들

제5장 인류의 등장

제6장 기후 이야기

제1장

화산 이야기

화산은 아름답지만 잔인하기 그지없고
모든 것을 파괴하지만 끊임없이 새로운
시작을 만들어낸다. 마치 시바 신처럼
파괴와 창조의 두 얼굴을 가진 화산은
지구 전체에 엄청난 영향을 미친다.

들어가는 글

땅이 흔들리는 굉음, 홍수처럼 밀려 내려오는 거대한 불 줄기, 한치 앞이 보이지 않는 연기와 어둠, 비처럼 쏟아지는 불 덩어리들……

　사람들은 손에 땀을 쥐며 그 비극의 현장을 지켜본다. 영화가 끝나고 자막이 흐르자 모두 멀쩡한 밖으로 나와 땀을 닦는다. 저절로 한숨이 새어나오고 기분이 좋아진다. 새삼 우리나라가 참 복받은 땅덩이라는 생각이 든다.

　고맙게도 한반도에는 일본 규슈 지방이나 하와이 등에서 볼 수 있는 활발한 화산 활동이 없다. 산이 분노하는 무서운 광경은 그저 영화 속에나 있을 뿐이다. 이는 한반도가 이른바 '불의 고리(ring of fire)'라 불리는 환태평양 화산 활동대에서 벗어나 있기 때문이다. 기껏해야 여기저기서 솟아나는 물 좋은 온천이 한반도 땅 밑에도 뜨거움의 원천이 있음을 환기시켜 줄 뿐이다.

　단풍 좋은 계절에 한라산 백록담을 오르거나 해외 여행 열풍에 밀려 중국 쪽 백두산 천지에 올라도 그저 '야, 멋있다!'가 전부

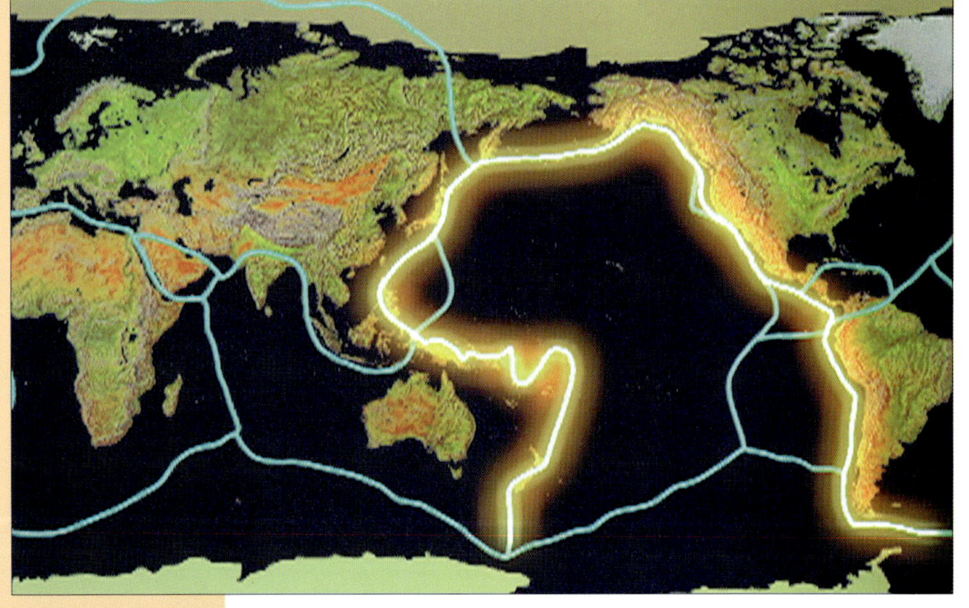

백두산 부석층

백두산에서 발견되는
화산 분출의 흔적은
당시의 규모를
짐작하게 한다.

이다. 그것이 화산으로 만들어진 산 정상의 호수라는 걸 아는 사
람도 그곳에서 불기둥이 솟고 용암이 튀었다는 사실엔 아무래도
상상이 가지 않는다. 하물며 전라도 무등산이나 경상도 금성산
같은 곳은 더 말할 것도 없다.

어디서 '쿵' 하고 큰 소리만 나도 또 건물이 무너졌나, 다리가
끊어졌나, 가스가 터졌나 놀라는 사람들도 지진은 고사하고 하물
며 화산 폭발이라는 것은 생각도 하지 않는다. 이 땅은 그만큼
오래도록 편안하고 안정된 모습으로 점잖게 우리 민족을 품어
온 것이다.

그러나 지금의 안정된 한반도를 기준으로 한반도의 과거를 상
상한다면 그것은 큰 오산이다. 지금으로부터 불과 몇백 년 전만
해도 백두산에서는 화산 폭발이 있었다. 《조선왕조실록》에 기록
된 내용을 보면 1668년과 1702년에 천지의 화산 분화가 있었고,
폭발 당시 천지로부터 150km나 떨어진 곳에도 화산재로 인한
검은 비가 내렸다고 되어 있다.

또 이보다 훨씬 전인 지금으로부터 약 천 년
전에는 피나투보 화산 폭발과 같은 세계적인
규모의 화산 폭발이 있었고, 그때 발생한 화
산재가 멀리 일본에까지 날아갔다고 한다. 천
지 주변에는 이때 생성된 부석들이 하얗게 쌓
여 있고 이때 불탄 나무들도 탄화목으로 발견되고

백두산 탄화목

백두산 화산 분출시
불타버린 나무들.

있다. 몇몇 학자들은 이때의 백두산 화산 분화가 당시 백두산 주변과 개마고원 일대를 지배하고 있던 발해 왕조의 멸망을 이끌었다고 주장하기도 한다.

더 오래 전인 약 100만 년 전 신생대 시절에도 백두산과 한라산은 분출했다. 그보다 앞서 중생대 백악기 시절, 즉 지금으로부터 약 9천만 년 전에는 훨씬 격렬한 화산 활동이 넓은 범위의 한반도 지역에서 일어났다. 당시 한반도는 마치 끓는 용광로와 같았다. 풍요로운 호수의 나라에서 번성하고 있던 한반도의 공룡들은 불의 지옥으로 변해버린 땅에서 고통받아야 했다. 눈을 크게 뜨고 보면 이 시기의 화산 활동 흔적들이 한반도 여기저기서 발견된다.

지금은 이토록 평화로운 땅덩이가 그때는 왜 그렇게 용광로처럼 불타올랐을까? 그리고 그 흔적들은 어떤 모습으로 지금 이 한반도에 남아 있을까? 우리에게 낯익은 한반도의 많은 모습들은 과거 화산 활동의 결과로 만들어진 것이다. 먼 옛날 한반도에 있었던 불의 시대를 이해하는 것은 지금의 평화로운 이 땅을 이해하는 중요한 열쇠가 될 것이다.

한반도의 화산 활동의 흔적을 찾아보기 위해서는 먼저 화산에 대한 기초 지식이 필요하다. 오래된 화산은 불이나 연기를 뿜지 않는데다가, 화산의 흔적이라는 것도 어린 왕자의 별에 있는 것처럼 선명한 분화구만이 아니기 때문이다. 화산이 만들어지는 원리와 화산의 다양한 형태, 그리고 분출 흔적에 대한 지식은 과거 한반도의 화산을 찾아낼 수 있는 안목을 길러주는 중요한 요소이다.

화산의 어원

화산(火山), 즉 불의 산은 영어로 volcano라고 부른다. 이것은 이탈리아 부근의 섬 이름으로, 이 섬의 정상부에 로마 신화에 나오

지구의 내부는 먼 우주의 행성만큼이나 미지의 세계다. 그곳에서 일어나는 움직임이 지구 표면에 화산을 만든다.

는 무기의 신, 불칸(Vulcan)의 대장간이 있었다고 한다. 이것은 물론 화산의 분화구이다. 오랫동안 지구의 힘과 불의 위력을 인간에게 과시해온 것이 바로 이 화산이다.

화산은 때로 아름답지만 잔인하기가 그지없고, 모든 것을 파괴하지만 새로운 시작을 위해 꼭 필요한 것을 제공하기도 한다. 마치 힌두교의 신인 시바처럼 파괴와 창조의 두 얼굴을 가진 이 화산이 지구 전체에 미치는 영향은 대단히 크다.

화산의 폭발 모습은 지상에서 볼 수 있는 장관이지만, 사실 화산의 폭발은 지구 내부의 현상 때문에 일어난다. 그러므로 화산이 왜 생기고 어떻게 진행되는지를 이해하려면 지구 내부의 메커니즘을 알아야 한다.

1부 〈적도의 땅〉을 읽은 사람들은 이미 어느 정도 기초가 되어 있겠지만, 그렇지 않은 사람들을 위해 다시 한 번 간략하게 지구 내부를 살펴보기로 하자.

지구는 3단 스펀지 케이크

지구는 쇠공처럼 바깥에서 중심까지 단단한 물질로 이루어진 것도 아니고, 그렇다고 슈크림 빵처럼 딱딱한 껍질 속에 온통 액체가 가득 차 있는 것도 아니다. 인간이 직접 지구 내부를 파고들어가 본 것은 아니지만, 과학자들은 간접적인 방법을 통해 지구 내부가 어떤 물질로 이루어져 있고 어떤 상태에 있는지를 연구해왔다. 마치 의사가 환자의 배를 두드려보고 내부에 물이 찼는

지, 공기가 찼는지를 아는 것처럼, 혹은 엑스레이를 통해 인체의
내부를 살펴보는 것처럼 지진파를 이용하여 지구 내부를 측정하
고 살펴보는 것이다.

　이러한 연구 결과에 따르면 지구의 단단한 겉껍질인 암석권
(lithosphere)은 바다 위에 떠 있는 얼음처럼 맨틀(mantle) 위에
떠 있는 얇은 층에 지나지 않는다. 이 암석권이 마치 달걀처럼
지구 전체를 하나의 껍데기로 싸고 있는 듯이 보이지만 실은 십
여 개의 판이 서로 맞물려 있다. 두께가 약 100km 정도 되는 판
들이 서로 맞물려 맨틀 위에 떠 있는 것이다.

　암석권 밑에 있는 맨틀은 흔히 사람들이 생각하는 것처럼 순전

지각의 변동

지각은 지구 내부의
여러 가지 이유 때문에
끊임없이 움직이고 있다.

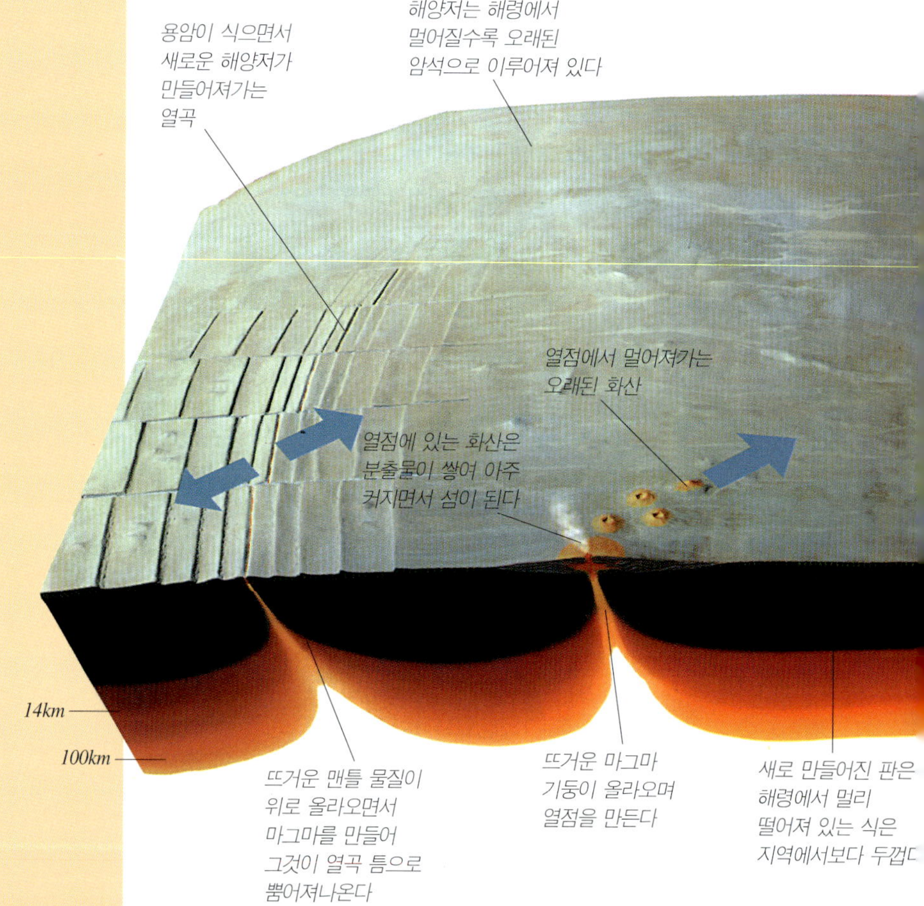

히 액체도 아니고 순전히 고체도 아니다. 그것은 상태에 따라 두 부분으로 나누어진다. 보통 연약권이라고도 불리는 지표면 아래 약 100km에서 350km 사이에 해당하는 맨틀의 상층부는 그 온도와 압력 때문에 암석의 강도가 연약하다. 부분적으로 약 1～6%가 녹아 있어서 마치 돼지기름이 식어 굳은 것처럼 약하고 쉽게 변형된다. 물론 온도는 아주 높지만 그렇다고 죽처럼 녹아 있는 것은 아니다.

우리가 흔히 마그마라고 부르는 액체 같은 물질은 이 맨틀의 일부가 어떤 특별한 원인 때문에 녹아 마치 여드름을 만드는 피하의 지방 덩어리처럼 모여 있는 것이다. 어쨌든 화산에서 직접

하와이의 베개용암

마치 베개처럼 생긴 동글동글한 용암은 바닷속에서 만들어진 것이다.

적으로 분출되는 용암과 가장 관련이 깊은 곳이 바로 이 맨틀의 상층부이다. 지하 약 350km에서 핵과 맨틀의 경계가 되는 2,883km의 맨틀의 하부가 깊어질수록 온도와 압력이 같이 높아지는데, 이곳에서도 대류가 일어나고 있다고 생각된다.

맨틀 아래 지구 중심에는 철을 주성분으로 하는 핵이 존재한다. 이 핵은 지하 5,140km 위치를 경계로 상부는 액체 상태이며 하부는 고체 상태이다. 이것이 외핵과 내핵의 경계면이다. 이를 통해 핵이 액체 상태의 외핵과 고체 상태의 내핵으로 나뉘어 있음을 알 수 있다.

과학상식백과

해저 화산 폭발의 한계는?

일부 화산 분출구의 경우 베개용암이 계속 쌓이면 해저 화산의 높이는 차츰차츰 높아지고 결국 해수면 가까이까지 성장하게 된다. 그렇게 되면 바닷물의 압력이 차츰 줄어들게 될 것이다. 바닷물의 압력과 냉기에 억제되어 폭발하지 못하던 화산은 어느 정도의 깊이가 되면 그 제약을 극복하고 폭발할 수 있을까?

화산학자들에 따르면 이 한계선은 겨우 해수면 아래 30m라고 한다. 거꾸로 생각하면 30m 정도의 바닷속 압력이 화산의 폭발을 억제할 만큼 강하다는 뜻이기도 하다. 결국 해저 화산이 해수면 아래

지각의 변동이 만드는 세 가지 화산

지구의 겉껍데기에 해당하는 암석권은 마치 퍼즐 맞추기처럼 여러 개의 크고 작은 판으로 구성되어 있다. 그런데 이 판들은 서로 맞물려서 가만히 있는 것이 아니라 끊임없이 움직이고 있다. 지판을 떠받치고 있는 맨틀의 상부가 여러 가지 내부의 원인으로 계속 움직이고 있기 때문에 맨틀 위에 떠 있는 판들도 함께 움직이는 것이다.

  그러나 모든 판들이 같은 방향으로, 일정한 속도로 움직이는 것은 아니다. 그렇기 때문에 판의 어떤 경계면은 멀어지기도 하고 어떤 부분은 부딪치기도 한다. 이러한 판의 경계면과 판의 이동은 화산과 아주 밀접한 관계가 있다. 이러한 지각의 변동이 화산을 만들기 때문이다. 지각의 변동으로 생기는 화산은 크게 세 종류로 나누어진다.

첫번째 화산 : 바닷속 지구 냉각기, 중앙해령 화산

가장 기본적인 화산이 형성되는 곳은 두 개의 판이 서로 벌어지는 경계면이다. 두 판이 벌어져 갈라지면 그 사이로 바닷물이 들어오기 때문에 갈라진 경계면은 바닷속에 있게 되는데, 이곳이 보통 중앙해령이라 불리는 곳이다. 바닷속 땅은(해저) 중앙해령

30m 정도까지 성장하면 곧 폭발적인 분출이 일어나 바다 위로 불기둥이 솟구치기 시작하고, 그 성장이 계속되면 지도 위에 새로운 섬이 탄생하게 되는 것이다.

해저 베개용암

을 중심으로 계속 좌우로 벌어져 이동한다.

　과학자들에 따르면 이 해령 중심부의 약 1~2km 밑에는 녹아 있는 마그마의 저장소가 해저 산맥을 따라 수만 킬로미터에 걸쳐 뻗어 있다고 한다. 그래서 해령의 틈이 벌어지면 그 사이로 마그마가 계속 메워지면서 올라와 식어 바닷속 지각이 끊임없이 확장된다. 마치 밀가루 반죽을 뽑아내듯이 새로운 지각이 계속 만들어지는 것이다.

　비록 바닷속이기는 하지만 마그마가 지표면으로 올라오고 있으니 이곳은 분명 화산지대라고 할 수 있다. 해저의 갈라진 틈을 메우기 위해 매년 발생하는 화산 분출 횟수는 육지보다 훨씬 많을 것으로 추정되는데, 아이슬란드의 경우를 기준으로 계산하면 1년에 평균 20회 정도라고 한다. 물론 해령뿐 아니라 바다 전체에서 일어나는 화산 분출은 그보다 훨씬 많아서 약 250회 정도나 된다고 한다.

이렇게 빈번한 화산 분출에도 불구하고 바닷속에서 일어나는 화산 분출은 거의 사람의 눈에 띄지 않는다. 바닷속의 압력과 냉기 때문에 화산이 소리 없이 분출하기 때문이다. 이 지역에서는 용암이 옆으로 흐르거나 위로 솟구치지 못하고 마치 베개 모양으로 둥글둥글 쌓이게 된다. 그래서 이런 용암을 베개용암(pillow lava)이라고 한다. 그렇다면 이렇게 해저 산맥에 쌓이는 용암의 양은 얼마나 될까? 매년 새로 생기는 해저 지각이 약 $2.5km^2$이고 그 두께가 약 4~5km이므로 이 해저 산맥을 통해 1년에 약 $12km^3$의 용암이 분출된다는 사실을 알 수 있다.

이렇게 판이 벌어지는 바다 밑 해령은 6만 킬로미터를 넘는 고리를 형성하여 지구를 둘러싸고 있다. 이것은 눈에 드러나지는 않지만 지구에서 가장 중요한 화산 체계이며 지구 내부의 열을 꾸준히 방출하고 있는 굴뚝이기도 하다.

베수비어스 화산
대표적인 섭입대 화산이다.

두 번째 화산 : 불의 고리, 섭입대 화산

판의 한쪽 경계가 계속 벌어지면서 새로운 지각이 만들어지면 판의 반대쪽은 맞닿아 있는 다른 판의 경계와 부딪치게 될 것이다. 이때 부딪치는 두 판의 경계는 판의 성질에 따라 두 가지 형태의 모습을 띠며 새로 늘어난 겉껍질만큼 지각을 없애게 된다.

보통 해양 지각과 대륙 지각의 경우 대륙 지각이 더 가볍고 두꺼운 반면에 해양 지각은 무겁고 얇다. 그것 때문에 대륙 지각과 해양 지각이 부딪칠 때는 해양 지각이 대륙 지각 밑으로 깔려 들어가게 된다. 판의 반대쪽 중앙해령에서 새로 만들어지는 지각의 양만큼 오래된 해양 지각이 대륙 지각 밑으로 깔려

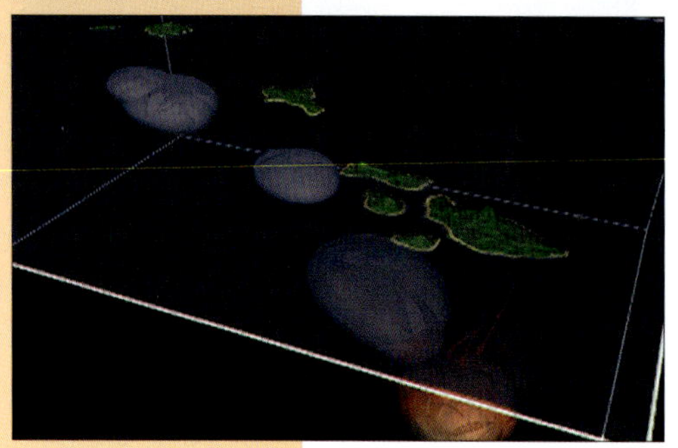

하와이 섬을 만든 플룸

마치 굴뚝에서 연기가 솟아오르는 것 같은 플룸은 지구 내부의 맨틀 일부가 뜨겁게 달구어져 위로 솟구쳐 오르는 것이다. 이 플룸이 열점 화산을 만든다.

들어가는 것이다.

이렇게 해양 지각이 대륙 지각 밑으로 깔려 들어가는 부분을 섭입대(subduction)라 한다. 이때 섭입해 들어간 해양 지각은 수분을 포함한 광물로 구성되어 있다. 이 광물은 지하 약 100~150km 깊이에서 수분이 없는 암석으로 성질이 변하게 되는데, 이때 광물에서 빠져나온 물은 암석보다 가볍기 때문에 맨틀 상층부에 모이게 된다. 이 물이 일종의 촉매 역할을 하여 맨틀의 온도를 낮춤으로써 그 부분의 맨틀이 주위의 맨틀보다 쉽게 녹아 마그마로 변하게 되는 것이다. 암석을 녹이는 데 물이 불보다 더 큰 역할을 한다니 참으로 신기한 일이 아닐 수 없다. 이 마그마의 일부가 지표의 약한 부분을 뚫고 분출하면 화산이 되는 것이다.

대표적인 섭입대는 태평양 중앙에 있는 해령을 중심으로 해양 지각인 태평양 판의 경계부에 만들어져 있다. 태평양 판은 중앙 해령 때문에 계속 확장되고 그 가장자리 부분은 아메리카 대륙과 아시아 대륙이 속해 있는 대륙 지각과 만나게 된다. 대륙 지각과 만난 태평양 판은 그 밑으로 섭입해 들어가 녹으면서 경계면을 따라 화산대를 형성하는데, 그 모양이 하나의 거대한 고리 같기 때문에 이 지역의 화산대는 '불의 고리'라는 이름을 얻게 된 것이다.

이러한 섭입대 화산은 대륙 지각과 해양 지각이 만나는 곳에서 약 100~200km 대륙 안쪽으로 활 모양의 호상열도를 형성하며 만들어진다. 섭입대 화산은 훨씬 높은 산맥을 형성하며 더욱 폭발적이고 엄청난 양의 용암과 화산재를 분출한다. 이러한 섭입 화산대는 지구 전체를 따라 수천 킬로미터의 고리를 형성한다.

이 섭입 화산대에서는 1년에 10~15개의 화산이 폭발한다. 섭입대 화산의 마그마에는 바닷물이 많이 용해되어 있어 훨씬 폭발적인 분출을 일으킨다. 베수비어스와 크라카타우 등 역사상 악명 높은 화산들은 대부분 섭입대 화산 무리에 속한다.

반면 둘 다 가벼운 대륙 지각과 대륙 지각이 만날 때는 어떨까? 이때는 어느 한쪽이 깔려 들어가지 못하기 때문에 둘은 충돌하여 하나로 합쳐지고 그 힘 때문에 위로 솟아오르기도 한다. 이렇게 두 판이 만나서 충돌한 경계를 충돌대(collision zone)라 부른다. 충돌대에는 높은 산맥이 형성되고 심한 지진이 발생하기도 하지만 화산과는 별 연관이 없다.

하와이 마우나로아 화산
대표적인 열점 화산이다.

세 번째 화산 : 예측할 수 없는 열점 화산

판의 경계부인 중앙해령에서 만들어지는 화산과 섭입대에서 만들어지는 화산이 있다는 사실을 배웠지만 이 두 가지가 지상에 존재하는 모든 화산은 아니다.

중앙해령이나 섭입대 같은 판의 경계부와는 아무런 상관도 없이 판의 중간 지점에서 터지는 화산이 있는데 이것을 열점 화산이라고 한다. 이 열점 화산은 플룸(plume)과 연관이 있다.

플룸이란 깊은 곳에 있는 맨틀의 일부가 뜨겁게 달구어져 위로 상승하는 것을 말한다. 그 모습이 마치 기둥이 솟아오르는 것 같다고 하여 플룸이라 한다.

이러한 플룸이 생

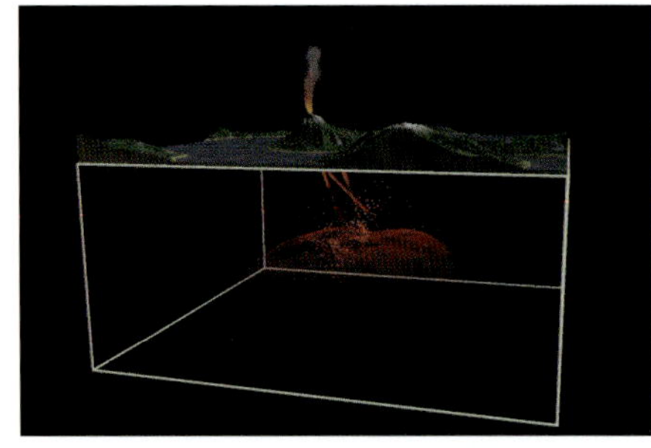

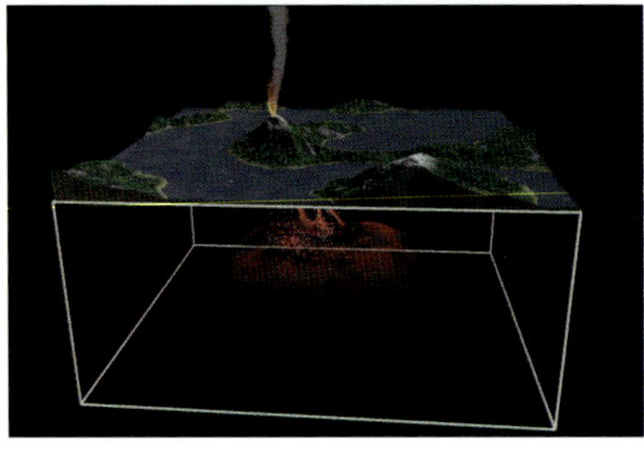

운젠 화산 단면도

지표면 밑에 모여 있는 마그마가 압력을 이기지 못하고 위로 솟구쳐오른다.

기는 힘의 근원은 결국 지구 내부에 있다. 맨틀이 온도 차이에 따른 밀도의 차이로 움직이는 힘이 그것이다. 플룸이 상부 맨틀과 하부 맨틀의 중간에서 만들어지는지 맨틀과 핵의 경계선에서 만들어지는지는 아직도 논쟁의 여지가 많이 있지만, 밑에서 데워진 맨틀이 상승하고 지표면 가까이에서 식은 맨틀이 하강하는 것은 분명하다.

이러한 뜨거운 플룸이 지구의 운동을 이끄는 주체적 힘이라는 생각은 오늘날 판구조론을 보완하는 새로운 학설로 등장하여 열점 화산의 형성 원리를 설명하고 있다. 위로 상승한 거대하고 뜨거운 플룸의 일부가 지각의 하부에 모여 액체 상태로 녹아 있다가 지각의 약한 부분을 뚫고 솟구쳐오르게 된다. 이것이 바로 열점 화산이다.

마그마란 무엇인가?

화산은 어떤 원리로든 마그마가 지상으로 올라와서 만들어지는 것이다. 그렇다면 마그마란 정확히 무엇일까? 사전에서 마그마 (magma)의 정의를 찾아보면 '온도가 충분히 높을 때 지각이나 맨틀에서 형성되어 녹은 암석으로, 유동성 있는 광물 입자와 용해된 가스의 혼합물' 이라고 되어 있다.

어렵게 설명하고 있지만 쉽게 이야기하면 마그마는 결국 돌이 녹은 것이다. 암석은 온도가 충분히 높으면 쇠가 녹아 쇳물이 되는 것처럼 액체 상태가 되는데, 집집마다 흔하게 있는 유리도 알고 보면 투명한 돌인 석영을 모아 녹여서 얇게 편 마그마의 일종이다.

마그마는 지구를 구성하는 여러 암석 물질로 구성되어 있는데, 규소와 산소로 이루어진 실리카(SiO_2)가 절반 이상으로 가장 흔하고 알루미늄과 철, 칼슘, 마그네슘 등이 들어 있다. 또한 마그마 속에는 0.5~5% 정도 되는 소량의 가스가 농축되어 있다. 이 농축 가스는 수증기와 이산화탄소가 거의 대부분이지만 질소와 염소, 황, 아르곤 등도 포함되어 있다. 이러한 농축 가스는 마그마의 분출에 큰 영향을 끼치는데, 마그마에서 가스가 급속하게 유출되면 폭발적이고 위험한 화산 폭발이 일어나게 된다. 또한 이 가스들은 대기로 확산되어 기후에 커다란 영향을 미치기도 한다.

그렇다면 마그마라는 이 액체 암석은 구체적으로 어디서 무엇으로 만들어진 것일까? 그것은 마그마의 종류에 따라 조금씩 차이가 있다.

성분에 따른 마그마의 종류

마그마는 크게 현무암질 마그마, 안산암질 마그마, 유문암질 마그마 세 종류로 나뉜다.

현무암질 마그마는 맨틀 상부에서 맨틀의 일부가 녹아 만들어진 것이다. 현무암질 마그마를 분출하는 화산은 해양 지각과 대륙 지각 모두에서 발견되는데, 맨틀에는 가스가 풍부하지 않기 때문에 현무암질 마그마에도 가스가 많이 녹아 있지 않다. 또한 현무암질 마그마에는 실리카의 양이 50% 정도로 적기 때문에 점성이 낮아 아주 유동적이며 폭발적으로 분출하지 않는다. 현무

화산에서 뿜어져나온 가스 속의 황이 식어 굳은 것이다.

암질 마그마가 굳으면 현무암과 반려암이 만들어진다.

안산암질 마그마는 맨틀로 섭입되어 들어간 해양 지각의 일부가 압력과 온도의 영향을 받아 녹아서 만들어진다. 이때 바닷물도 중요한 역할을 하는데 해양 지각이 맨틀로 깔려 들어갈 때 바닷물이 함께 들어가 암석을 녹이는 촉매제 역할을 하는 것이다. 이 안산암질 마그마에는 가스가 풍부하게 녹아 있으며 실리카가 60% 정도 함유되어 있어 화산의 폭발적인 분출을 연출해낸다. 안산암질 마그마를 분출하는 화산은 대륙 지각과 해양 지각에서 모두 발견되는데, 그렇다고 아무 곳에서나 생기는 것이 아니라 섭입대가 있는 곳에서만 생긴다. 여기서 유래하는 암석은 안산암과 섬록암이다.

유문암질 마그마는 대륙 지각의 밑 부분이 맨틀의 현무암질 마그마에 의해 녹아 만들어진 것으로, 가장 많은 가스와 약 70%에 가까운 실리카를 포함하고 있다. 유문암질 마그마를 분출하는 화산은 매우 폭발적인 분출 형태를 지니는데, 대륙 지각에서만 발견된다. 이 마그마에서 유문암과 화강암이 만들어진다.

보통 화산에서 분출되는 마그마의 약 80%는 현무암질이며, 안산암질이나 유문암질은 각각 나머지 10% 정도를 차지한다. 폭발성이 강하여 많은 인명 피해를 가져오는 화산은 안산암질이나 유문암질 마그마가 분출되는 화산인데, 다행히 그 비율이 크지 않다.

화산이 만들어내는 암석들

화산에 의해 만들어진 화성암은 크게 두 가지로 나뉜다. 하나는

심성암의 종류

화산 폭발로
지표 아래에서
식어 굳은 암석들.
왼쪽에서부터
감람암, 반려암,
섬록암, 화강암이다.

화산 폭발에 의해 지표에 도달하여 만들어진 화산암이고, 다른 하나는 지표 아래에서 식어 굳은 심성암이다. 이 두 종류의 화성암에서는 아주 다양한 구조와 광물 조직이 발견된다. 그것은 땅 속 깊이

존재하는 마그마의 다양한 화학 성분과 위로 분출하는 용암에 섞여 같이 녹은 암석의 냉각 속도에 따라 여러 가지 다른 암석이 만들어지기 때문이다. 마그마는 급히 냉각되면 작은 결정을 형성하고 천천히 냉각되면 보다 크고 거친 결정을 형성한다.

● 초염기성암(페리도타이트) : 감람석을 포함한 여러 암석으로 구성된 페리도타이트는 맨틀을 구성하는 암석으로, 지구 내부에서 형성되는 심성암이다. 실리카의 함량이 약 40%에 달하는 페리도타이트가 녹으면 우리가 흔히 마그마라고 하는 코마티아이트가 된다고 한다. 페리도타이트는 우리나라에서는 발견되지 않았으며, 오늘날 세계의 어느 화산에서도 만들어지지 않는 암석이다. 약 25억 년 전인 시생대에 존재했던 사실만이 확인되고 있을 뿐이다. 그 이유는 현재보다 맨틀의 온도가 더 높아야만 이 암석이 만들어지기 때문이라고 한다. 결국 25억 년 전의 지구 내부는 현재보다 훨씬 뜨거웠다는 말이 된다.

● 염기성암(현무암·반려암) : 동일한 성분의 마그마로 만들어진 암석이지만 지표면에서 굳은 현무암이 땅 속에서 굳은 반려암보다 더 빨리 결정이 된다. 그 때문에 구조 조직도 현무암이 더 세밀하다.

● 중성암(안산암·섬록암) : 실리카 함량이 60%인 마그마에서 생성된 화성암이다. 지표면에서 급히 냉각된 안산암이 섬록암보다 결이 더 곱다.

화산암의 종류

화산 폭발에 의해 지표에 도달하여 만들어진 암석들. 왼쪽에서부터 현무암, 안산암, 유문암, 흑요석이다.

● 산성암(화강암 · 유문암) : 실리카의 함량이 높아 점성이 큰 마그마에서 생성된 화성암이다. 지표면에서 냉각된 유문암이 매끈한 표면을 지니고 있는 반면 화산의 기반에 있던 화강암은 그보다 거칠다.

● 흑요석 : 유문암과 같은 마그마 성질을 갖고 있으면서 너무 빨리 냉각되어 결정이 만들어지지 못한 것을 흑요석이라고 한다. 이것은 검게 비치는 아름다운 화산 유리이기 때문에 보석으로 가치가 있다.

'파호이호이' 와 '아아'

마그마(magma)와 용암(lava)은 어떻게 다를까? 마그마가 지각 밑에 모여 있는 돌물이라면 용암은 그 마그마가 지상으로 올라와 흐르는 것이다. 용암은 마치 쇳물을 부어놓은 것처럼 화산을 타고 내려와 시뻘겋게 땅 위를 흐르는데, 그 속도가 아주 느리기 때문에 정신만 바짝 차리면 노인들도 얼마든지 피할 수 있다.

용암이 흐르는 속도는 온도와 용암의 성분에 따라 조금씩 다르다. 일반적으로 용암이 식으면 마치 촛농처럼 굳으면서 점성도가 커지고 거죽이 시커멓게 변한다. 공기나 물에 노출된 부분이 먼저 식으면서 유동성이 떨어진다.

실리카의 함량도 용암의 점성도에 영향을 주는데, 함량이 높으면 점성도가 커진다. 그런 이유로 유문암질 마그마가 가장 천

천히 이동한다.

　점성도가 낮아 유동성이 큰 용암은 그 층이 얇은 대신 넓게 퍼
져나간다. 이런 용암은 폭발적으로 분출하지 않고 조용히 흘러나
오는 게 보통이다. 반면 점성도가 커서 유동성이 떨어지는 용암
은 멀리 퍼져나가지 못하고 분화구 가까이에 쌓이게 된다. 이와
같은 용암의 흐름은 마치 식탁에 물을 엎지르면 식탁 전체로 번
지는데 토마토 케첩을 엎지르면 그 자리에 모여 있는 것과 비슷
하다.

　용암의 성격에 따라 화산체의 모양도 달라진다. 유동성이 큰
용암은 멀리까지 흘러가 넓은 용암대지와 완만한 방패 모양의
화산을 만든다. 반면 유동성이 약한 용암은 멀리 흘러가지 못하
고 분화구 주변에 모여 가파른 화산체를 만든다. 일본의 후지 산
처럼 전형적인 원추형을 만드는 것이다. 게다가 점성도가 높기
때문에 분출할 때에도 폭발적으로 분출하는 경우가 많다. 용암
속에 녹아 있는 가스가 쉽게 빠져나가지 못하고 거품으로 팽창
하기 때문에 결국 되직한 밀가루 반죽 폭탄이 터지는 것처럼 산
산이 부서져 공중으로 분산되는 것이다. 이 화산 쇄설물은 멀리
날아가지 못하고 다시 그 자리에 쌓여 가파른 봉우리를 만든다.

　하와이는 전체가 화산으로 된 섬이어서 화산에 대한 전설이나
언어가 발달해 있다. 학자들은 이곳 사람들의 표현대로 유동성이

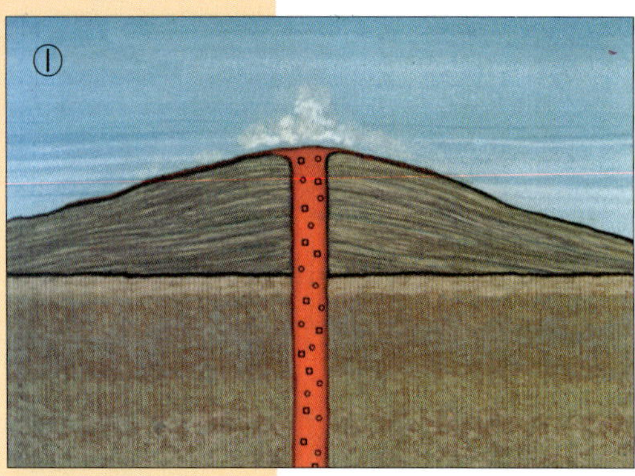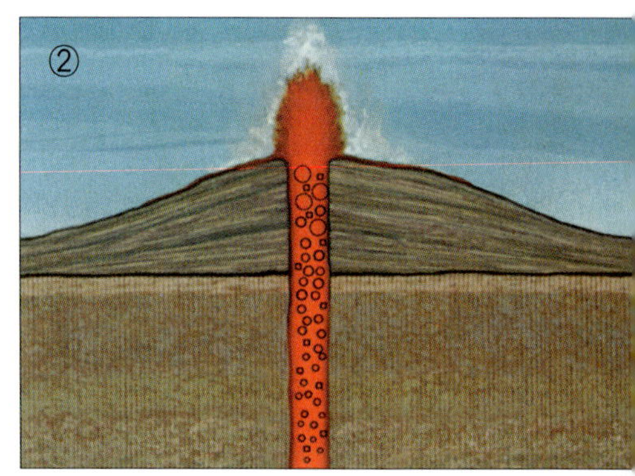

마그마 분출 형태

① 물도 적고 실리카도 적은 경우.
② 물이 많고 실리카가 적은 경우.
③ 물이 적고 실리카가 많은 경우.
④ 물도 많고 실리카도 많은 경우.

커서 빨리 흐르는 용암을 파호이호이(pahoehoe), 유동성이 작아 천천히 흐르는 용암을 아아(aa)라고 부른다. 파호이호이 용암이 시간이 지나서 온도가 내려가 식으면 유동성이 적은 아아 용암이 된다.

마그마의 분출

마그마와 암석이 같은 성분으로 구성되어 있다 해도 액체 상태의 마그마는 고체 상태의 암석보다 밀도가 낮다. 그래서 마그마는 위로 상승하게 된다. 하지만 위에서 누르고 있는 암석 때문에 솟아오르는 마그마의 반대 방향으로 강한 압력이 작용하게 된다.

이 압력에 따라 마그마에 가스가 녹아 들어가게 되는데, 압력이 높을수록 더 많은 가스가 녹아 들어간다. 그러나 마그마가 위로 올라오면 압력은 차츰 약해지고, 압력이 줄어들면서 가스는 다시 외부로 방출된다. 마치 콜라 속에 녹아 있던 탄산가스가 병뚜껑을 따는 순간 압력이 사라지면서 거품이 되어 방출되는 것과 같은 이치이다.

그런데 콜라 병을 흔들다 병 뚜껑을 따면 어떻게 될까? 병 안의 압력이 상승하여 펑 소리와 함께 엄청난 거품을 내며 뚜껑이 날아갈 것이다. 폭발이 일어나는 것이다. 화산의 분출도 이와 같이 마그마가 방출하는 가스 거품의 양에 따라 달라진다. 가스 거품의 양을 결정하는 것은 마그마에 녹아 있는 물의 양이다.

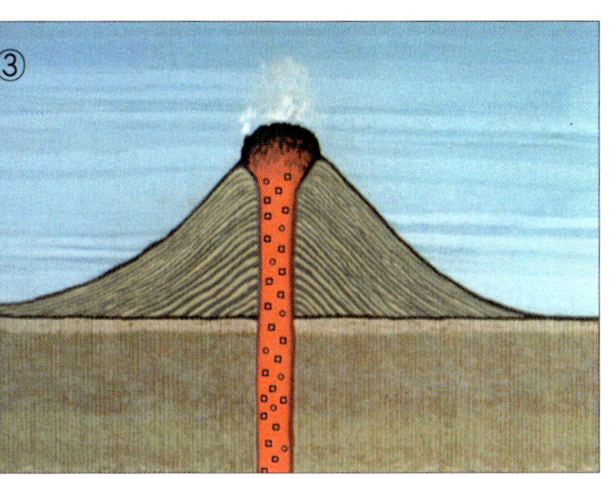

비폭발형 분출

화산이 일반적으로 위험한 것은 사실이지만 비폭발형으로 일어나는 현무암질 화산은 비교적 덜 위험하다. 마그마 속에 물도 적고 실리카의 양도 적을 경우엔 유동성이 큰 용암이 조용히 흐르는 것이다. 그 대표적인 예가 하와이의 화산들인데, 이곳의 현무암질 화산은 온도가 높고 유동성이 크며 가스가 적게 녹아 있기 때문에 폭발하듯 분출하지 않는다. 물론 폭발 초기에는 가스가 한꺼번에 빠져나오면서 그 거품이 분수처럼 솟구치겠지만 금방 대부분의 가스가 대기 중으로 방출되기 때문에 분수는 곧 없어진다.

그 다음엔 마치 엿이 끓어 넘치는 것처럼 용암이 분화구를 나와 경사면을 따라 아래쪽으로 흘러내린다. 초기엔 온도가 높아 빠르게 흐르는 파호이호이 용암 상태로 얇고 넓게 퍼지지만, 시간이 흘러 용암이 식으면 아아 용암이 되어 엉기면서 두껍고 차가운 돌로 굳는다. 물은 적지만 실리카의 양이 많은 경우, 용암은 점성이 커서 쉽게 흘러내리지도 못하고 분화구 주변에 모이게 된다. 그 상태로 용암이 굳으면 분화구는 마치 코르크 마개로 막아놓은 것처럼 변하기도 한다.

용암이 암석으로 굳으면 마지막에 형성된 가스 거품의 형태가 보존되어 구멍으로 남는데 이 거품 구멍을 기공이라고 한다. 제주도의 돌하루방을 보면 구멍이 숭숭 뚫려 있는 것을 볼 수 있는데 이것이 바로 용암에 녹아 있던 가스의 흔적이다.

폭발형 분출

현무암질 마그마보다 실리카의 함량이 높고 온도가 낮은 안산암질이나 유문암질 마그마는 녹아 있는 가스의 양도 엄청나게 많다. 이런 성질이 폭발형 분출을 만들어낸다.

이때 물이 많고 실리카가 적다면 분화구는 마치 물대포를 쏘아 올리는 것처럼 수백 미터 상공까지 유동성이 큰 용암액을 쏘아 올린다. 물도 많고 실리카도 많은 경우에는 가장 폭발적인 분출

이 일어나며 엄청난 화산재와 쇄설물이 쏟아져 나오게 된다. 가스로 충만한 마그마가 상승하면 압력이 차츰 저하되면서 가스가 빠져나와 거품을 형성한다. 그러나 이 가스들은 실리카가 많아 두껍고 점성이 큰 마그마를 빠져나오지 못하고 그 속에 거품 상태로 갇혀 있게 된다.

마그마가 지표 가까이까지 상승하면 압력이 급격하게 감소하여 가스 거품은 맹렬히 부글거리게 된다. 이 때문에 마그마는 수없이 많은 작고 뜨겁고 붉은 조각과 파편으로 분리된다. 이를 화산 쇄설물(pyroclast)이라 한다.

고온의 가스와 화산 쇄설물의 혼합물은 엄청난 폭발력을 지니게 된다. 이것은 찬 공기 속으로 상승하여 대기에서 45km까지 솟구치는 분출 기둥을 형성하기도 한다. 마치 핵폭탄이 터질 때처럼 위로 솟구치던 용암과 가스의 기둥은 분출 기둥의 밀도와 주변 대기의 밀도가 같아지는 높이에서 버섯 모양의 구름이 되어 퍼지게 된다.

얕은 바다에서의 화산 분출도 폭발적인 분출 형태를 띠게 된다. 지하 깊은 곳에서 만들어진 마그마가 얕은 바다에서 분출하게 되면 표면이 재빨리 냉각되어 유리질이 된다. 압력이 낮아졌기 때문에 가스들은 대부분 빠져나와 거품을 형성하게 되고 유리질로 쌓인 마그마는 마치 풍선을 부풀리는 것처럼 부피가 팽창하게 된다. 결국 마그마의 유리질 표면이 부서지면서 바닷물이 침투하게 되고, 엄청난 양의 증기가 발생하면서 마그마 안에 있던 가스들과 결합하여 폭발을 증가시킨다. 반면 육지에서 분화구를 통해 분출되어 바다로 다시 들어가는 용암은 이미 가스의 대부분이 날아가고 없기 때문에 폭발적인 분출은 일어나지 않는다. 또 깊은 바닷속에서 화산 분출이 있을 때에도 폭발적인 분출은 일어나지 않는다. 물의 압력이 너무 높아 마그마 내에 있는 가스가 팽창하지 못할 뿐 아니라 뜨거운 마그마와 접촉한 물이 끓지 않기 때문에 증기조차 일어나지 않는 것이다.

분출된 화산 쇄설물과 화산재와 가스는 상부 대기의 바람을 타

고 이동하게 된다. 이때 불타는 돌조각이나 다름없는 화산 쇄설
물들은 다시 땅 위로 떨어져 퇴적되는데 이것을 테프라(tephra)
라고 한다.

폭발의 위력이 크면 클수록 분출 기둥은 더 높이 솟구친다. 경
우에 따라 화산 쇄설물과 가스를 지구 도처에 보낼 수 있을 만큼
높은 대기까지 올라가기도 한다. 이렇게 되면 더 넓은 곳에 화산
재와 용암 돌조각이 떨어지게 되고, 대기의 구성 성분까지 영향
을 받아 기온이 변하기도 한다.

화산이 토해내는 것들

많은 사람들이 화산이 토해내는 것은 용암뿐이라고 생각한다. 그
러나 실제로 화산이 분출할 때는 다양한 크기와 형태를 가진 여
러 가지가 쏟아져나온다. 이들 중 화산 폭발 때 무너져내린 산의

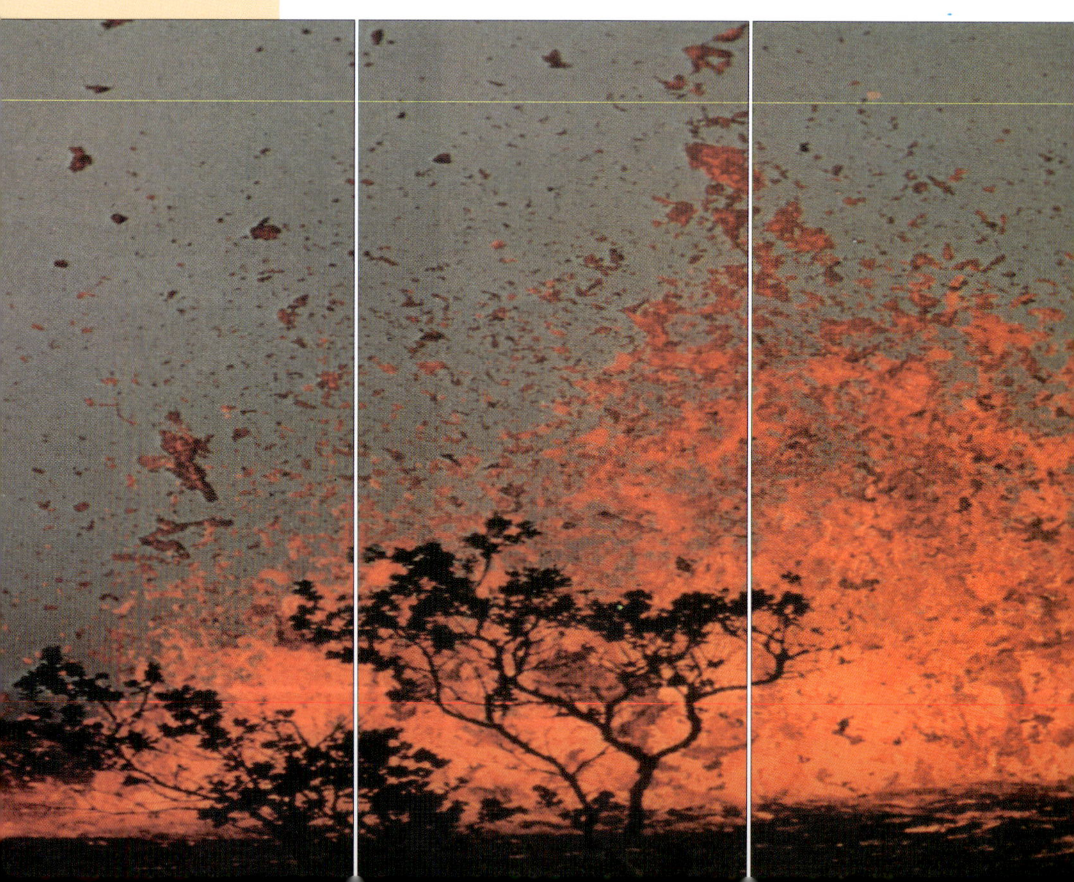

암석 조각은 얼마 되지 않고 대부분은 지구 내부에서부터 토해
져나오는 지구의 속살들이다. 그렇기 때문에 화산이 토해낸 물질
은 지구 내부를 이해하는 데 중요한 열쇠를 제공한다. 그렇다면
화산 분출물에는 구체적으로 어떤 것들이 있을까?

화성 쇄설물(혹은 화쇄물)

화성 쇄설물(pyroclastics)이란 화산이 분출할 때 쏟아져나오는
고체의 파편들이다. 보통 마그마가 폭발적으로 분출할 때 그 속
에 녹아 있던 가스가 팽창하면서 마그마를 작은 파편으로 부숴
버리는데 이것이 대부분의 화성 쇄설물을 만든다. 이때 마그마는
밀가루 반죽 같은 상태이기 때문에 파편으로 부서지는 것이 가
능하다. 혹은 거대한 폭발시 떨어져 나온 오래된 분화구 벽의 파
편이나 분수에서 떨어지는 물방울처럼 하늘로 올라간 용암 덩어
리가 식어 떨어지는 것도 화성 쇄설물이다.

화성 쇄설물

마그마가 폭발적으로
분출할 때 그 속에 녹아
있던 가스가 팽창하면서
마그마를 작은 파편으로
부수어버리는데,
이것이 대부분의 화성
쇄설물을 만든다.

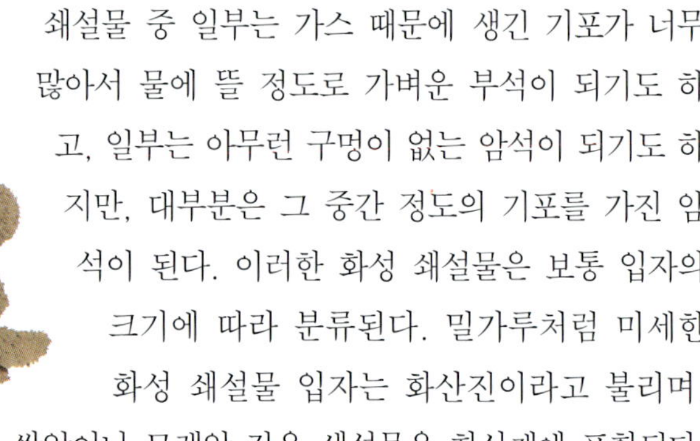

쇄설물 중 일부는 가스 때문에 생긴 기포가 너무 많아서 물에 뜰 정도로 가벼운 부석이 되기도 하고, 일부는 아무런 구멍이 없는 암석이 되기도 하지만, 대부분은 그 중간 정도의 기포를 가진 암석이 된다. 이러한 화성 쇄설물은 보통 입자의 크기에 따라 분류된다. 밀가루처럼 미세한 화성 쇄설물 입자는 화산진이라고 불리며, 쌀알이나 모래알 같은 쇄설물은 화산재에 포함된다. 화산분석은 골프공만한 쇄설물을 가리키며, 화산암괴는 집채만한 크기의 쇄설물을 포함한다. 화산탄이라고 하는 것은 액체 상태의 용암이 화산 폭발시 분출구에서 터져나온 것이다. 마치 대포알처럼 원을 그리며 떨어지는데, 공중에서 식으며 떨어지기 때문에 바닥에 도착할 때는 뜨거운 밀가루 반죽처럼 보인다. 물론 그 위력은 철판을 뚫을 정도이다.

화산진

화산탄

이러한 화성 쇄설물은 입자의 크기에 따라 큰 것일수록 가까이 떨어지고 작은 것일수록 멀리까지 날아가 담요처럼 지표면에 쌓인다. 하지만 폭발성 화산 분출이 일어날 때면 가끔 쇄설물로 가득한 구름이 만들어지는데, 이것은 너무 무겁기 때문에 공중에 뜨지 못하고 산사태처럼 산의 경사를 따라 밑으로 쏟아져 내려온다.

　가스와 쇄설물로 이루어진 이 불타는 구름 덩어리는 열운 혹은 화성 쇄설류(화쇄류)라고도 불린다. 이것은 용암에 비해 엄청난 속도로 확장되는데다가 무시무시한 힘으로 모든 것을 쓸어버리기 때문에 어지간한 언덕 정도는 불타는 평지로 만들어버릴 수 있다.

용암류

많은 사람들이 알고 있는 것처럼 화산 분출시 가장 많이 나오는 것이 죽처럼 녹아 흐르는 용암이다. 가장 거대한 화산인 바닷속 해령의 화산은 거의 용암류만 분출한다. 용암류는 천천히 흐르는 강물처럼 흘러가며 퍼지는데 마치 촛농이 녹아 흐르는 것과 비슷하다. 먼저 흘러 굳은 용암 위로 아직 식지 않은 뜨거운 용암이 흘러간다. 보통 용암은 시간당 5~50km의 속도로 천천히 흘러가기 때문에 인명 피해의 직접적인 원인이 되는 경우는 거의 없다. 식어버린 용암의 겉부분은 시커멓게 변하지만 안쪽의 뜨거운 용암은 마치 쇳물처럼 불그레한 빛을 발한다. 때로 용암의 강은 먼저 식어 굳어버린 겉표면 밑으로 뜨거운 용암을 빠르게 흘려 보내면서 용암의 다리를 놓기도 하고 용암 동굴을 만들기도 한다.

운젠 화산 화쇄류

기스와 쇄설물로 이루어진 불타는 구름 덩어리를 열운 혹은 화쇄류라고 한다.

화산의 형태

화산은 이름처럼 불기둥이 솟는 산만을 가리키는 것이 아니라 용암, 화산 쇄설물, 또는 가스가 분출되는 모든 통로를 지칭한다. 이때 화산은 형태에 따라 크게 순상 화산, 기생 화산, 성층 화산으로 불린다.

순상 화산(shield volcano)은 마치 방패를 뒤집어놓은 것처럼 완만한 경사면을 지닌 화산을 말한다. 매우 유동적인 용암이 계속 솟구치면 이 용암은 얇은 두께로 멀리까지 흘러가게 된다. 이렇게 용암의 층이 반복해서 쌓이면 경사가 $10°$ 이하인 완만한 산이 만들어지는데 이것을 순상 화산이라고 한다.

순상 화산은 보통 유동성이 크며 엿이 끓어 넘치듯 분출하는 현무암질 용암으로 만들어진다. 녹아 있는 가스도 적고 폭발성도

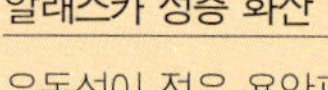

알래스카 성층 화산

유동성이 적은 용암과 화산 쇄설물의 퇴적층이 가파른 원추 모양의 산을 만든다.

없기 때문에 화산재나 화산 쇄설물의 양도 적어 가장 순한 화산이라고 할 수 있다. 하와이 섬을 포함한 많은 섬들은 대부분 커다란 순상 화산의 꼭대기가 바다 위로 솟아 만들어진 것이다. 순상 화산체 주변에는 넓은 용암대지가 형성되기도 한다.

반면 유문암질이나 안산암질 화산들은 폭발적으로 분출하면서 불타는 돌조각들인 화산 쇄설물을 엄청나게 방출해 올린다. 이 크고 작은 화산 쇄설물들이 곧 다시 소나기처럼 떨어져 쌓여 아주 가파른 경사를 가진 퇴적물층을 형성하게 된다. 그 모양이 마치 뾰족한 고깔모자처럼 생겼기 때문에 테프라 콘(tephra cone)이라고 부른다.

폭발적인 분출이라고 해도 잠시 동안 활동하는 화산은 작은 테프라 콘을 만든다. 그러나 규모가 크고 오랫동안 활동하는 안산암질 성분의 화산은 엄청난 양의 용암류와 화산 쇄설물을 교대로 방출한다. 이 용암과 화산 쇄설물의 퇴적층은 가파른 원추 모양의 산을 만드는데 이것을 성층 화산(strato volcano)이라고 한다. 높이가 수천 미터에 이르는 성층 화산은 경사가 아주 가파르다. 이러한 성층 화산은 아주 멋진 경관을 연출하는데 일본의 후지 산이 그 대표적인 예라 할 수 있다.

때때로 화산체는 뿌리까지 모두 침식되고 마그마가 분출되었던 기둥의 흔적만 남는 경우가 있다. 마그마는 화산체의 약한 지각의 틈을 뚫고 분출되면서 긴 출구를 만들게 되는데 이것을 화도라고 한다. 말 그대로

하와이 순상 화산(위)

유동성이 큰 용암은 멀리까지 흘러가 방패 모양의 산을 만든다.

뉴멕시코 화산 암경(아래)

시간이 오래 지나면 마그마 관 주위의 화산체는 바람과 비에 깎여 버리고 침식에 강한 마그마 관만 땅 위에 드러난다.

불의 길이다. 이 화도 주변을 살펴보면 분출하면서 계속 냉각되어 굳은 마그마가 통로 가장자리에 달라붙어 있다. 분출이 멈추면 마그마가 분출된 땅 구멍 속에 마그마로 만들어진 두꺼운 또 하나의 관이 박힌 것과 같은 형상이 된다. 이 상태에서 시간이 오래 지나면 마그마 관 주위의 화산체는 모두 바람과 비에 깎여 버리고 침식에 강한 마그마 관만이 덩그렇게 땅 위에 드러나게 된다. 마치 여러 개의 파이프를 세워놓은 것 같은 이런 것을 화산 암경이라고 부른다.

분출구는 어디에

거대한 화산의 꼭대기에는 분출구의 멋진 흔적이 남아 있다. 칼데라(caldera)라고 부르는 분출구의 흔적은 대체로 원형이며 가파른 벽으로 둘러싸인 수천 미터 이상의 지름을 갖는 분지이다. 보통 지름이 2km가 넘는 것은 칼데라, 그보다 작은 것은 화구라고 한다.

　마치 두꺼비집을 쌓듯 모래를 쌓아놓고 그 맨 위에 탁구공을 올려놓았다 치운 것 같은 칼데라는 어떻게 만들어지는 것일까?

칼데라 호수

화산 꼭대기에 칼데라가 만들어지고, 이곳에 물이 차면 칼데라 호수가 된다.

화산이 폭발하기 전에 마그마는 지표 가까이에 모여 있게 된다. 이것을 마그마 챔버(magma chamber)라고 한다. 이 일종의 마그마 웅덩이의 압력이 높아지면 결국 약한 지각을 뚫고 마그마가 지상으로 분출하기 시작한다. 어느 정도 마그마가 분출하면 웅덩이의 윗부분이 비게 되고 웅덩이의 지붕에 해당하는 암석은 밑으로 무너져내리게 된다. 마그마 웅덩이 밑에 조금 남아 있던 용암이 함몰한 틈새를 따라 솟아올라 작은 테프라 콘을 만들기도 한다. 이렇게 화산 꼭대기에 분화구의 흔적인 칼데라가 만들어지고 이곳에 물이 차면 칼데라 호수가 되는 것이다. 칼데라의

화산 분출구

거대한 화산의 꼭대기에 있는 분출구 중 보통 지름이 2km가 넘는 것은 칼데라, 작은 것은 화구라고 한다.

사방 벽은 때로 수백 미터에 달하는 가파른 절벽을 이루기도 한다. 하지만 시간이 오래 지나면 높이 솟은 벽은 깎이고 깊이 파인 분지는 퇴적되어 간격이 줄어들게 된다.

때로는 화산 꼭대기에 칼데라 대신 깔때기 모양의 분화구가 만들어지기도 한다. 이것은 화산이 폭발할 때 그 충격으로 마그마의 통로가 넓어진 상태에서 분출이 끝나게 되면 굳지 않은 용암류가 다시 분화구 속으로 흘러들어가 만들어진다. 혹은 마그마의 가스가 탈출한 후 부피가 줄어든 용암이 다시 화도로 들어가 생기기도 한다.

가끔은 분화된 용암의 점성이 너무 높아 흐르지 못하고 그냥 분화구를 채워버리는 수가 있다. 그렇게 되면 분화구가 겉으로 드러나지 않게 된다.

그렇다고 용암이 꼭대기에 있는 분출구로만 나오는 것은 아니다. 약한 지각이 길게 균열대를 이루며 쪼개지면 그 균열대를 따라 용암이 분출하기도 한다. 마치 불의 커튼처럼 솟아오르는 용암은 멋진 장관을 연출하고, 그렇게 분출된 용암은 넓게 퍼져 평평한 용암 대지를 형성한다.

불의 커튼이 쳐지면 용암이 훨씬 멀리까지 퍼지기 때문에 엄청난 피해가 생길 수도 있고 아주 넓은 새 땅이 생길 수도 있다.

죽은 화산, 산 화산

화산 중에는 완전히 활동이 끝난 죽은 화산, 즉 사화산(死火山)이 있고 현재에도 활동을 계속하고 있는 활화산(活火山)이 있다. 또 잠시 활동을 쉬고 있는 휴화산(休火山)도 있다.

　어떤 화산은 단 한 번의 분출로 죽어버리는 경우도 있고, 어떤 화산은 여러 차례 반복적으로 분출하기도 한다. 이들 화산의 생존 기간이나 휴식 기간은 저마다 다르기 때문에 언제 다시 활동을 개시할 것인지를 살피는 것은 어렵고도 중요한 일이다.

　화산이 과거 언제 분출했었나 하는 것은 분출이 끝난 후 진행된 침식 상태를 보면 알 수 있다. 침식의 속도는 환경에 따라 차이가 나는데, 덥고 습한 지역에서는 용암이 50년도 되지 않아 흙과 정글로 변해버리기도 하고 춥고 건조한 고산 지대에서는 천년이 넘도록 별다른 변화가 보이지 않기도 한다.

　그러나 아무리 침식이 느린 환경이라고 해도 오랜 시간이 지나면 변화가 생길 수밖에 없다. 이를 통해 인간은 역사 시대 이전의 화산 활동을 짐작해볼 수 있다. 보통 반복적으로 분출하는 화

산의 경우 평균 100만 년의 생존 기간을 갖는다고 한다. 인간이 화산의 활동을 기록한 것이 불과 2~3천 년 정도임을 생각하면 선사 시대에 폭발하고 죽은 듯이 잠자는 화산이 완전히 죽은 화산이라고 방심할 수는 없는 일이다.

화산은 무서워

우리나라에는 현재 화산 폭발이 없지만 세계 도처에서는 지금도 매년 약 50여 개의 화산이 폭발하고 있다. 이것이 모두 위협적인 것은 아니지만 화산이 인간에게 무서운 재앙을 가져다주는 것은 사실이다.

대부분의 사람들은 화산이 터지면 뜨거운 쇳물처럼 흐르는 용암 때문에 피해가 생긴다고 생각한다. 그러나 화산 폭발에 의한 피해는 일반인들의 생각보다 훨씬 복잡하다. 최근에 개봉된 화산

화산재에 뒤덮인 마을
엄청난 양의 화산재와 쇄설물이 떨어져 집도 사람도 보이지 않게 된다.

영화들을 보면 이 피해의 종류를 한꺼번
에 모두 볼 수 있다.

비처럼 쏟아지는 화산 쇄설물

폭발성 화산의 경우 아주 뜨겁게 폭발해
하늘로 올라간 화산 쇄설암들이 비처럼 쏟아져
사람들과 마을을 덮칠 수 있다. 만약 화산의 정상이
터지지 않고 세인트헬렌스 화산처럼 화산의 옆구리가 터지게 되
면 분출물은 훨씬 순식간에 산 아래의 마을을 덮치게 될 것이다.

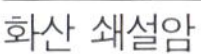

화산 쇄설암

쇄설암 중에는 집채만한
바위도 있고 주먹만한
바위도 있다.

쇄설암 중에는 집채만한 바위도 있고 주먹만한 바위도 있다.
불타오르는 이 돌덩이에 맞으면 강철판도 뚫려버릴 것이다. 영화
속에서 주인공 화산학자의 애인도 자동차 지붕을 뚫고 떨어진
화산탄에 맞아 죽는다.

이와 함께 화산재와 화산 쇄설물이 마을과 사람들을 매장해버
린다. 엄청난 양의 화산재와 쇄설물이 소나기처럼 다시 떨어져내
리는데, 심할 경우 수십 미터에 이르는 뜨거운 퇴적물에 깔려 집
도 사람도 보이지 않게 된다. 폼페이를 역사에서 사라지게 한 베
수비어스 화산 폭발 때도 그러했다. 게다가 화산이 폭발하면 엄
청난 수증기가 갑작스럽게 만들어놓은 구름층의 형성으로 실제
로 소나기가 내리는 수가 많다. 만약 비와 화산재가 함께 섞여
내리게 되면 뜨거운 재앙의 화산비는 많은 죽음을 가져온다.

방독면을 준비하라

화산 분출시 방출되는 유해 가스 또한 생명을 위협하는 요소이
다. 뜨겁고 독성이 있는 가스와 공기 중에 포함된 미세한 화산재
는 사람의 호흡기를 타고 들어가 질식시켜버린다. 베수비어스 화
산이 터졌을 때에도 폼페이 시에 있던 많은 사람들이 먼저 독가
스 때문에 숨이 막혀 목숨을 잃었을 것으로 추정하고 있다.

1986년 중앙 아프리카 카메룬에서는 화산 가스 때문에 더 비
극적인 사태가 있었다. 니오스 호수에서 작은 화산 폭발이 있었

는데 이때 흘러나온 이산화탄소 때문에 호수 아래 마을에 사는 주민 1,700여 명이 몰살하고 가축과 박테리아까지도 전부 죽어버린 것이다. 이산화탄소는 다른 가스와 달리 아무런 냄새도 없기 때문에 마을 사람들은 영문도 모르고 목숨을 잃어야 했다. 반면 황화수소는 썩는 냄새가 나고, 염화수소와 이산화황은 눈과 목을 자극하며, 불화수소(H_2S)는 유리를 부식시킬 정도로 독성이 강하다. 이를 피하려면 방독면이 필요하고, 그렇지 않을 때에는 물에 적신 형겊이 잠시나마 도움이 된다고 한다.

죽음의 호수

화산이 있는 곳에 호수가 있으면 화산이 분출할 때 솟아오른 염화

이 호수에는 화산에서 솟아나온 가스들로 인해 생물들이 살기 어렵다.

수소나 이산화황 같은 산성 가스가 호수의 물에 용해되어 호수 전체를 산성으로 바꾸어놓기도 한다. 카와이젠 화산의 화구에 있던 호수도 이 때문에 산성 호수로 바뀌어버렸는데, 그 안에 살던 물고기를 몰살시키고 옷감을 녹일 정도로 강산이었다고 한다.

최악의 재앙, 화산 쇄설류

때로는 화산재와 가스와 화산 쇄설물이 그 무게를 이기지 못하여 하늘로 솟구치지 못하고 산비탈을 따라 밑으로 흘러내리기도 한다. 멀리서 보면 마치 이불솜이 뭉게뭉게 퍼지는 것처럼 보이지만, 실제 속도는 엄청난데다 아주 뜨겁고 무거워 닥치는 대로 모든 것을 파괴해버린다. 이러한 먼지구름의 홍수는 산을 따라

멀리까지 흘러내려 미처 피하지 못한 모든 것을 없애버릴 수 있다. 이 흐름은 용암의 흐름과는 비교도 되지 않는다.

　많은 화산학자들이 이 뜨거운 먼지구름에 관심을 갖고 관찰하여 그 내용을 실감나게 묘사해놓았다. 열운이라고도 하는 이 뜨

뜨거운 먼지구름

화산재와 가스, 화산 쇄설물이 무게를 이기지 못하여 산비탈을 따라 밑으로 흘러내리기도 한다.

거운 먼지구름 덩어리는 엄청난 속도로 전율할 만큼 장엄하게 쏟아져내린다. 잭의 콩나무가 순식간에 자라 하늘을 뚫고 올라가듯이 빠른 속도로 부피가 커지며 전진하는 것이다. 이 검붉은 먼지구름의 온도는 자그마치 900도에 가까우며, 때로는 초속 11~25m 속도로 격류처럼 흘러내린다. 이 열운으로 죽은 사람은 1500년 이후에만 6만여 명이 넘는다고 한다. 이 쇄설류에 뜨거운 가스가 좀더 많이 포함되어 있으면 그것을 화쇄 폭풍이라고 한다. 폼페이와 생피에르 주민들은 대부분 이 화쇄 폭풍 때문에 목숨을 잃었다.

화산이 만든 진흙의 홍수, 이류

화산 꼭대기에 눈이나 빙하가 쌓여 있었다면 화산 폭발로 녹아버린 눈이 밑으로 흘러내리게 된다. 혹은 이전의 폭발로 생긴 칼데라에 물이 고여 있는 경우가 있는데, 이때에도 화산 분출 때문에 엄청난 수증기가 만들어진다. 그런 물의 원천이 없더라도 화

과학상식백과

은행의 경고문

1980년 미국의 세인트헬렌스 화산이 폭발했을 때 오리건 주의 한 은행에는 다음과 같은 경고문이 붙었다.

"보안상의 이유로 은행 내에서는 마스크를 벗어주십시오."

많은 사람들이 화산재와 먼지를 피하기 위해 방독면이나 마스크를 쓰고 다녔는데, 얼굴을 가린 상태로 은행에 들어온 사람들이 고객인지 강도인지 잘 구별이 안

되었던 모양이다. 천재지변을 이용해 은행을 터는 사람들이 훨씬 많아진 탓이었겠지만, 어쨌든 고객들이 목이 칼칼해지는데도 불구하고 이 공문에 잘 협조했을까?

산이 폭발하여 엄청난 구름이 생기면 순간적으로 번개가 치며 비가 내리는 수가 많다. 그렇게 되면 뜨거운 가스 때문에 뜨거워진 물줄기가 산 위쪽의 화산 쇄설물들을 휩쓸고 내려오면서 펄펄 끓는 진흙 홍수와 산사태를 만들기도 한다. 엄청난 속도로 내려오는 진흙탕 물줄기는 밑에 있는 모든 것을 쓸어버린다. 이것을 화산 이류 혹은 토석류(土石流)라고 하는데, 산비탈을 따라 빠르게 흘러내리는 토석류 또한 산 아래의 마을을 위협하는 무서운 재해를 낳는다.

반면 용암은 아주 천천히 흐르기 때문에 정신을 바짝 차리고 조심하면 충분히 피할 수 있다. 도망갈 길이 막히거나 용암 속에 빠지면 그것 이상의 재앙이 없겠지만 말이다.

화산이 만든 거대한 파도

바다 밑이나 해안에서 일어난 화산 폭발은 거대한 해일을 일으키기도 한다. 크라카타우 화산 분출 때 발생한 해일은 자바와 수마트라 해안에 사는 3만 6,000명의 생명을 빼앗았다고 한다. 이러한 해일은 기원전 1620년경에도 있었다. 에게 해의 산토린 화

용암과 바다의 만남

화산 폭발로 생긴 용암이 바다와 만나 새로운 땅을 만들어놓는다.

산섬 지역에서 거대한 화산 분출이 일어나 45km 높이까지 솟구치고 강력한 열운이 바다로 떨어져 높이 30m에 달하는 해일을 일으켰던 것이다. 이때의 화산 폭발로 수백 킬로미터나 떨어진 터키에도 수십 센티미터의 화산재가 쌓였고, 크레타를 중심으로 한 미노스 문명은 엄청난 타격을 받아야 했다. 이 무시무시한 화산 분출 흔적이 그리스 신화 속에서 청동거인 탈로스가 던진 '날아다니는 돌덩어리'와 '녹아 흐르는 납처럼 흐르는 피'로 남았는지도 모른다. 또한 산토린 섬 근처는 아틀란티스 문명이 있던 곳으로 추정되고 있다. 그 때문에 어떤 사람들은 산토린 섬의 화산 폭발로 아틀란티스 문명이 지상에서 사라졌다고 생각한다.

단지 화산이 하나 폭발했다고 미노스 문명이든 아틀란티스 문명이든 하나의 문명이 사라질 수 있을까? 당시에는 지금처럼 인구가 많지 않았으며 지금의 도시 하나가 그때에는 하나의 문명권을 이루고 있었다. 크라카타우 화산으로 생긴 해일이 3만 6,000명의 목숨을 앗아갔음을 생각할 때 만약 산토린 섬의 화산 폭발로 생긴 해일 규모가 비슷한 정도였다면 충분히 해안가의 문명국가 하나를 멸망시킬 수 있었을 것이다

화산이 바꾼 날씨

1783년 아이슬란드에 있는 라키 화산이 역사상 최대 규모라 할 만한 용암과 가스를 토해냈다. 유럽까지 퍼져나간 이 건조한 가스는 여름과 가을 내내 사라지지 않았다. 그리고 그 해와 다음해 유럽의 겨울은 유난히 추웠다.

이때 마침 프랑스에 머물고 있던 벤저민 프랭클린(Benjamin Franklin)은 이 가스를 자세히 관찰하여, 겨울의 혹한이 화산 분출로 발생한 재와 가스가 태양 광선을 차단했기 때문이라고 주장했다. 화산이 기후와 날씨에 영향을 준다는 최초의 주장이었다. 그로부터 100년 후, 1883년에 크라카타우가 폭발했다. 분출은 몇 달간 계속되었고 세계 곳곳에서 형형색색의 일출과 일몰이 관찰되었다. 성층권까지 올라간 가스가 지구 전체의 70%를 뒤덮었던 것이다. 이후 3년 동안 태양 복사는 유럽에서 10%나 감소하였고 기온은 평상시보다 낮아졌다.

물론 이 당시의 기상 관측은 유럽을 중심으로 이루어졌기 때문에 전지구적인 변화를 알 수는 없다. 그럼에도 많은 화산학자들은 화산이 지구의 기후와 날씨에 영향을 미친다고 꾸준히 주장

엘치촌 화산 폭발 후

화산 폭발 후 세계 곳곳에서 형형색색의 일출과 일몰이 관찰되기도 한다.

하고 있다.

미국의 해리 웩슬러(Harry Wexler)는 19세기 후반의 기온 하강이 크라카타우에 이어 1886년 뉴질랜드의 타라웨라, 1888년 일본의 반다이 산, 1890년 알래스카의 보고 슬로프 등 계속된 화산 분출 때문에 일어났으며, 20세기에는 이런 대규모의 화산 폭발이 없었기 때문에 기온이 상승하고 있다고 생각했다. 영국의 기후학자 램브(H.Lamb)는 1500년 이후의 화산 활동에 대한 자료를 상세히 모아 분석하여 세계 기후의 변화가 화산 분출과 명백한 관련이 있다는 결론을 얻어내기도 했다.

실제로 화산이 기후에 영향을 미치려면 화산 가스와 먼지가 성층권까지 상승해 올라가야 한다. 지상에서 10km 떨어진 이곳은 비도 구름도 없기 때문에 유입된 먼지 입자가 몇 년에 걸쳐 떠다니게 되고, 이 먼지들이 태양빛을 차단하게 된다.

1963년 인도네시아 발리에 있는 아궁(Agung) 화산 폭발은 이러한 가설을 증명할 만한 좋은 자료를 제공해주었다. 가스와 먼지의 기둥이 성층권까지 치솟았던 이 대규모 폭발은 주위 마을을 덮쳐 2,000명에 가까운 사상자를 내는 것으로 끝나지 않았다. 전세계의 천문 관측소에서 관측한 자료에 의하면 별빛의 양이 감소하였고, 이러한 현상은 다음해까지 지속되었다. 성층권의 온도는 6도 상승했고 세계의 평균 기온은 분출 후 3년간 0.5도 정도 낮았다고 한다.

아궁 화산은 크라카타우 화산에 비교하면 10분의 1에 지나지 않는 규모였다. 또한 크라카타우의 화산 폭발은 선사 시대에 있었던 대규모 화산 폭발에 비하면 사소한 사건에 지나지 않는다. 분명한 수치로 나타낼 수는 없다고 해도 이전에 있었던 거대한 화산 폭발이 지구의 기후에 지대한 영향을 끼쳤음을 이제는 부인할 수 없게 되었다.

　사실 1~2도에 불과한 기온 차이가 실제로 사람을 얼어 죽게 하지는 않는다. 그러나 이것이 세계 평균 기온일 경우 이 정도의 기온 저하가 농작물에 끼치는 영향은 지대하기 때문에, 이러한 변화가 인간을 포함한 지구 생명체에 큰 영향을 끼쳤을 것이라는 점은 충분히 짐작해볼 수 있다.

오존층에 구멍을 내는 화산

최근에 과학자들은 성층권까지 올라간 분연이 지구 전체의 기온을 떨어뜨릴 뿐 아니라 오존층을 파괴할 가능성이 있다고 우려하고 있다. 전세계의 평균 성층권 오존량의 추이를 조사한 결과 1982년 엘치촌 화산 폭발 후에 24~28km 고도에서 오존층이 약 3% 급격히 감소하였다가 약 1년 반 후에 회복된 사례가 있기 때문이다. 이것은 화산재 속에 포함되어 있던 염산의 작용 때문에 생긴 변화이거나 화산 폭발에 따르는 대기 운동의 변화로 생긴 현상일 수 있다고 한다. 지금 상태에서 화산 분출이 오존층을 파괴하는 것에 대한 더욱 구체적인 지식은 계속되는 연구를 통해 얻을 수 있을 것이다.

고마운 화산

이처럼 많은 사람들을 죽이고 마을을 뒤덮어버리는 무서운 화산이지만 그렇다고 화산이 전혀 불필요한 존재는 아니다. 화산의 분출은 인간의 관점에서 보면 재앙이지만 지구 전체의 관점에서 보면 부족한 부분을 보충하는 중요한 작업이기도 하다.

　화산이 토해내는 지구 내부의 암석 물질은 지표에 새로운 토양과 지각을 만들어준다. 이 새로운 암석은 지구가 유지되는 데 필요한 유용한 원소들을 새로 공급한다. 그래서 용암과 화산재는 토양을 아주 비옥하

화산재 속의 새 생명

화산 분화가 일어난 지 4개월 만에 화산재층을 뚫고 새순이 돋아났다.

화산재에서 자란 포도
베수비어스 화산 주위에서 품질 좋은 포도가 자라고 있다. 이 포도로 만든 포도주의 병에 베수비어스 화산의 모습이 그려져 있다.

게 해준다. 화산이 분출하면 그 주변은 지옥과 같은 폐허가 되어버리지만 1년도 지나지 않아 풀들이 돋아나면서 금방 그곳은 비옥한 농경지가 된다. 지구가 알아서 퇴비를 주고 땅심을 북돋워주는 것이다. 연기가 피어오르던 용암 위에 1년 만에 나무가 솟아오르는 모습은 경이에 가깝다. 베수비어스 화산 주위에서 가장 품질 좋은 포도와 포도주가 생산되는 것은 결코 우연이 아닌 것이다.

또한 화산은 국토를 넓혀주기도 한다. 실제로 하와이는 화산 폭발로 생겨난 섬이며 지금도 용암이 계속 흘러 섬의 면적을 넓혀주고 있다. 우리나라의 제주도도 화산 덕분에 늘어난 땅이다.

땅 속의 불을 에너지로

지구 내부가 아주 높은 온도로 이글거리고 있다는 사실은 이제 하나의 상식이 되었다. 지역에 따라서 약 1km 밑으로 들어갈 때마다 약 20~60도의 온도가 증가한다고 하니 굳이 어렵게 맨틀까지 들어가지 않더라도 인간은 엄청난 열 에너지를 손에 넣을 수 있는 것이다. 미국 정도의 영토에서 10km 하부까지의 에너지를 모아 사용할 수만 있다면 인류는 다가올 10만 년 동안에 필요한 에너지를 충분히 얻을 수 있다고 한다. 이 얼마나 매력적인 대체 에너지인가.

거의 반영구적인 이 지열 에너지는 그러나 자연적으로 방출되는 양이 너무 적어서 작은 전구 하나를 켜기 위해서도 축구장만한 땅이 필요하다. 결국 효과적으로 지열 에너지를 얻기 위해서

는 간헐천과 온천 같은 화산지대나 시추공 등을 이용하여 지하
의 수증기나 열수를 모아놓는 인공 저장소가 필요하다.

　화산 지역이 아닌 곳은 지하 6~7km까지 시추해 들어가야 경
제성 있는 열 에너지를 얻을 수 있지만 지하 심부에 마그마가 존
재하는 화산지대에서는 1~3km만 시추해도 350도에 가까운 열
에너지를 얻을 수 있다고 한다. 마그마가 그 상부를 가열하여 만
들어놓은 뜨거운 암석과 열수 저장소를 만날 수도 있다.

　특히 열수의 경우 뜨거운 물과 증기가 위로 빠져나오려고 하기
때문에 발견이 용이하며 에너지로 활용하기도 좋다. 이 열수를
흔히 온천이라고 하는데 너무 뜨겁지 않은 온천이 이미 훌륭한
관광 자원으로 각광받고 있다. 그러므로 충분한 기술만 축적된다
면 화산도 석유가 나오는 유전처럼 귀중한 지하자원이 되는 것
이다. 실제로 이탈리아의 라르데렐로는 지열 때문에 온천과 증기
가 솟아나는 지역으로, 세계 최초로 이를 이용해 전기를 만드는
시설이 설치되어 운영되고 있다. 1904년 시추된 시추공을 시작
으로 이탈리아는 이미 400메가와트의 전기를 얻었는데, 지열 에

운젠 화산 온천

지하의 열수인 온천은
이미 훌륭한 관광
자원으로 각광받고 있다.

너지는 석유와 달리 고갈될 염려가 거의 없다고 한다. 아이슬란드는 1925년부터 온천수와 증기를 시추하기 시작했다. 지금까지 250군데 이상이 개발되었으며 여기서 생산된 지열 에너지는 10만의 인구를 가진 수도 레이캬비크의 약 70%의 주민에게 열과 온수를 제공하고 있다. 석유가 나지 않는 아이슬란드의 중요한 에너지 자원인 셈이다.

미국 캘리포니아에 있는 화산암 지역에서는 1921년부터 증기를 얻기 위해 시추가 진행되어 1959년에 처음으로 전기를 생산하였다. 최근에는 샌프란시스코 전체가 충분히 사용할 수 있는 양인 500메가와트의 전기를 생산할 수 있다고 한다.

한편 뜨거운 암석을 이용해 지열 에너지를 얻는 것은 좀더 정교한 기술이 필요하다. 조건도 더 까다로워서 암석의 온도가 기준 이상으로 뜨거워야 하며 물이 빠져나가지 않는 불투수성 암석이어야 한다. 그런 적당한 장소가 발견되면 두 개의 시추공 사이에 인공적인 틈을 만들어 하나의 시추공으로 찬물을 집어넣어 가열시킨 다음 다시 끌어올려야 한다. 물론 이렇게 하기까지엔

뉴질랜드 지열 발전소
지열 에너지의 엄청난 잠재력을 생각하면 이 에너지는 아주 매력적인 에너지원임에 틀림없다.

복잡한 기술이 필요하기 때문에 현재까지는 실질적으로 활용되지 않고 있다. 그러나 기술이 좀더 발달하면 아주 매력적인 에너지의 보고임에 틀림없다.

아예 마그마를 직접 에너지로 사용하는 것은 어떨까? 마그마 $1km^3$에는 200년간 샌프란시스코 전체를 밝힐 만한 에너지가 들어 있다고 하는데 말이다. 그러나 화산체 아래에 있는 마그마를 직접 시추하여 이것을 실용화시키려면 아직 시간이 좀더 필요하다.

지열 에너지의 사용은 전반적으로 아직 미숙한 단계라고 할 수 있다. 그러나 지열 에너지의 어마어마한 잠재력을 생각하면 분명히 아주 매력적인 에너지원임에는 틀림없다. 앞으로 많은 시간과 노력과 자본이 필요하겠지만 그 대가를 충분히 돌려받을 수 있을 것이라고 전문가들은 장담하고 있다.

지진계 검사

화산 때문에 생기는 지진은 보통 지진계로 읽을 수 있는 미진이다.

화산 분출을 예고한다

요즘은 비교적 날씨 예보가 잘 맞는 편이다. 과학의 발달로 인공위성을 띄우면서 얻을 수 있는 정보의 양과 질이 늘어난 덕분일 것이다.

"내일 서울에서 비가 올 확률은 80%입니다."

화산의 분출도 이렇게 예고할 수는 없는 것일까? 날씨를 예보하는 데에도 바람과 구름, 기압 등 여러 정보가 필요한 것처럼 화산을 예보하기 위해서는 지진, 지각 변동, 온도, 가스 방출 등 화산에서 매일매일 발생하는 징후들을 알 필요가 있다.

특히 지진은 화산의 분출에 앞서 두드러지게 나타난다. 보통 지진은 지판의 가장자리에서 마찰 때문에 일어난다. 그러나 화산

세인트헬렌스 관측

오늘날 많은 활화산들은 과학자들의 철저한 감시를 받고 있다.

때문에 생기는 지진은 마그마가 이동하고 팽창하면서 지각에 압력을 행사하기 때문에 발생하며, 지판의 가장자리와는 상관없이 일어난다. 화산 때문에 생기는 지진은 보통 지진계로 읽을 수 있을 정도로 약한 지진인데, 그 횟수가 증가하거나 규모가 커지는 것은 종종 분출이 임박했음을 보여준다.

활화산의 정상부와 산사면의 경사 각도 변화를 측정하는 것도 화산 내부의 변화를 진단하는 중요한 수단이 된다. 마그마의 분출이 임박하게 되면 압력 때문에 경사면이 부풀어오른다. 마치 풍선에 바람이 더 들어가면 부풀어오르는 것처럼 말이다. 그러나 이것이 보통 사람의 눈에 쉽게 띨 정도로 빠르고 크게 부풀어오르는 경우는 드물기 때문에 아주 섬세한 측량 기계가 필요하다. 하와이에서 사용되는 경사계는 100만분의 1의 지표 경사 변화를 감지할 수 있다고 한다. 팽창은 분화가 일어남과 동시에 멈추게 되고 마그마가 빠져나가면서 오히려 반대로 침강이 일어나게 된다.

화산 분화구 근처에서 발생하는 가스나 열수의 온도 변화는 분출을 예고하는 직접적인 자료가 될 수 있다. 증기 속에 이산화황 가스나 염화수소의 양이 늘어나 고약한 냄새를 풍기거나 열수의 수온이 크게 증가하면 화산 분출이 임박했다고 생각할 수 있다.

최근에 활동하는 화산체 주변에서 측정된 지구 자기장과 전기장이 변화한다는 사실이 일본, 뉴질랜드, 캄차카, 하와이 등지에서 관측되었다. 이것은 화산 연구에 있어 아주 새로운 기술인데, 분출 예보에 효과적으로 사용되려면 더 많은 연구가 필요하다.

화산의 분출을 효과적으로 예측하기 위해서는 화산의 통계적

기록도 필요하다. 특히 과거 분출에 대한 통계는 화산의 분출 습성과 형식을 알아내는 수단으로써 매우 중요하다. 물론 화산이 규칙적으로 분출하는 것은 아니므로 이것만으로 화산 분출을 예언할 수는 없다. 단지 분출 사이의 휴식 기간이 다양하다 하더라도 최소한 세 가지 형식은 구별해낼 수 있다고 한다.

첫째는 완전히 제멋대로인 화산 분출이 있다. 이전에 언제 분출했느냐와는 상관없이 언제든지 분출할 수 있는 화산이다. 하와이의 마우나로아 화산이 그 예이다.

시간이 지나면서 분출 가능성이 높아지는 화산도 있다. 아이슬란드의 헤클라 화산이 그러한데, 결과적으로 휴식 기간이 길수록 분출할 가능성은 높아지게 된다.

반대로 분출이 한꺼번에 무리지어 일어나는 수도 있다. 그 때문에 하와이의 킬라우에아 화산의 경우처럼 휴식 기간이 길면 길수록 분출이 일어날 가능성은 줄어든다.

이러한 분출의 습성을 파악하고 있으면 화산의 미래 활동을 예상하는 데 도움이 된다. 그러나 이 습성이 믿을 만한 자료가 되려면 적어도 10여 회 이상 분출한 자료가 있어야 하기 때문에 모든 화산에 적용할 수 없다는 단점이 있다. 전세계의 화산 중 극

감시받는 화산

현재 화산은
과학자들에게 철저히
감시받고 있지만
그것은 전체 천여 개 중
150여 개 정도뿐이다.

히 일부만이 이 정도로 활발한 화산 활동을 보이고 있어, 장기간 연구되고 있다고 한다.

이렇게 다양한 요소들을 복합적으로 고려할 때 비로소 화산 분출은 효과적으로 예측될 수 있다. 그러나 하나의 화산을 정확히 예측했다고 해서 그 기술을 다른 화산체에도 똑같이 적용할 수 있는 것은 아니다. 화산을 예보하는 기술은 이제 겨우 그런대로 쓸 만한 상태에 도달해 있는 수준인 것이다.

화산의 피해는 상상을 초월한다. 경제적인 손실뿐 아니라 인명의 손실이 엄청나기 때문이다. 화산의 분출을 미리 예측할 수 있다면 많은 사람들의 생명을 구할 수 있다.

물론 화산을 예보하는 일은 기술적인 면뿐 아니라 사회·경제적인 어려움도 크다. 화산 분출의 정확한 날짜와 규모를 예측하는 것이 어려운 상황에서 화산학자들의 판단이 현실로 나타나지 않을 경우, 부근 도시의 땅값이 떨어지고 경제 활동만 위축되고 끝날 수도 있기 때문이다.

그러나 생명은 분명 돈보다 중요하다. 이 변함없는 진리를 신념을 갖고 지킬 수 있는 정책론자와 화산학자들의 노력이 앞으로도 수많은 생명을 구할 수 있으리라 믿는다.

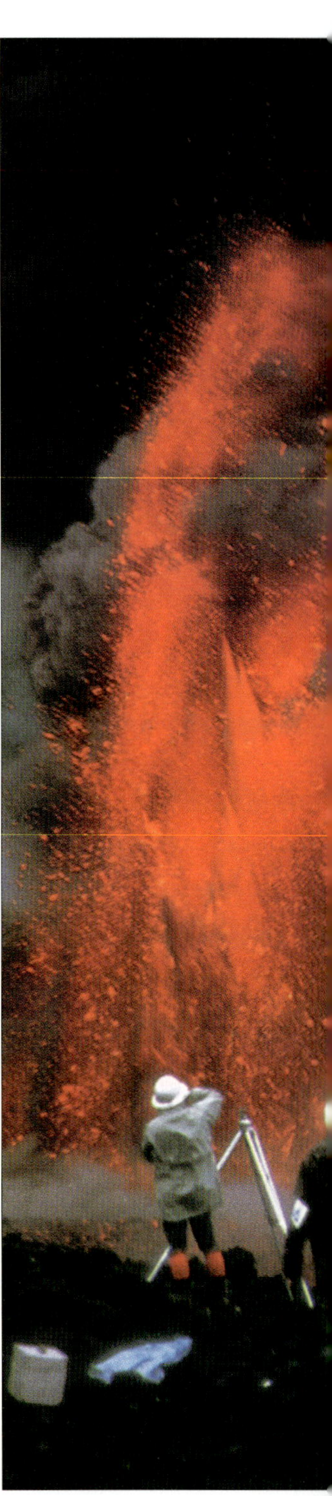

감시받는 화산들

오늘날 대부분의 활화산들은 과학자들의 철저한 감시를 받고 있다. 화산 활동이 활발한 일본은 1928년에 이미 아소 화산에 일본 최초의 화산 관측소를 세웠다. 사쿠라지마와 우수 화산에도 관측소가 있는데, 이곳은 현재 세계에서 가장 현대적인 시설을 갖춘 관측소로 평가받고 있다.

배수비어스에도 두 개의 관측소가 있다. 독일인 프리트렌더가 세운 사설 관측소와 로마 교황의 재정 지원을 받는 관측소가 그것이다. 이들은 1906년에 있었던 베수비어스의 재분출을 자세히 관찰해 많은 연구 업적을 남겼다.

하와이의 킬라우에아 화산에도 미국 국립 관측소가 있으며, 네덜란드는 인도네시아에, 러시아는 캄차카 반도에 많은 관측소를 세웠다. 이러한 현대적인 장비를 갖춘 관측소들은 언제 터질지 모르는 화산을 감시하여 적절한 예방 조치를 취하게 도와줄 뿐 아니라 화산의 원리에 대한 연구를 통해 근본적인 화산의 메커니즘을 밝혀내고 있다. 그러나 현재 감시받고 있는 화산은 전체 약 천여 개의 화산 중에 기껏해야 150여 개 정도라고 한다.

한반도에도 화산이 있었다

중생대 백악기 말인 약 9천만 년 전
한반도의 남부는 왕성한 화산 활동으로
마치 끓는 용광로와 같았다.
신생대를 거쳐 불과 천 년 전까지만 해도
불타는 화산들은 한반도
곳곳에서 불을 뿜어댔다.
한반도의 불의 시대를 찾아 떠나는
환상여행.

공룡을 위협하던 한반도의 화산들

한반도 남부, 지금의 경상도와 전라남도 부근은 중생대 백악기에 공룡들의 천국이었다. 넓은 호수가 여기저기 펼쳐져 있고, 온난한 기후와 풍부한 식생이 공룡들을 유혹하는 황금기였다. 6,500만 년 전 중생대 백악기가 끝나면서 전세계적으로 공룡의 시대는 막을 내린다. 어떤 사건이 있었는지는 확실하지 않지만 공룡들은 짧은 기간 안에 모두 멸종하고 말았다.

특히 한반도에서는 공룡들의 수난 시대가 훨씬 빨리 시작되었다. 약 9천만 년 전 백악기 말, 한반도의 공룡 천국이었던 남부 지방에서 활발한 화산 활동이 시작되었던 것이다. 그 때문에 한반도 남부 지방은 한마디로 불의 지옥 같은 형상이 되고 말았다. 끓는 용광로 같은 한반도의 상황은 3천만 년 이상 지속되었다. 화산에서 내뿜는 화산재로 인해 대기 중의 이산화탄소 양도 엄청나게 증가했는데, 이 때문에 늘어난 온실 효과로 한반도는 그

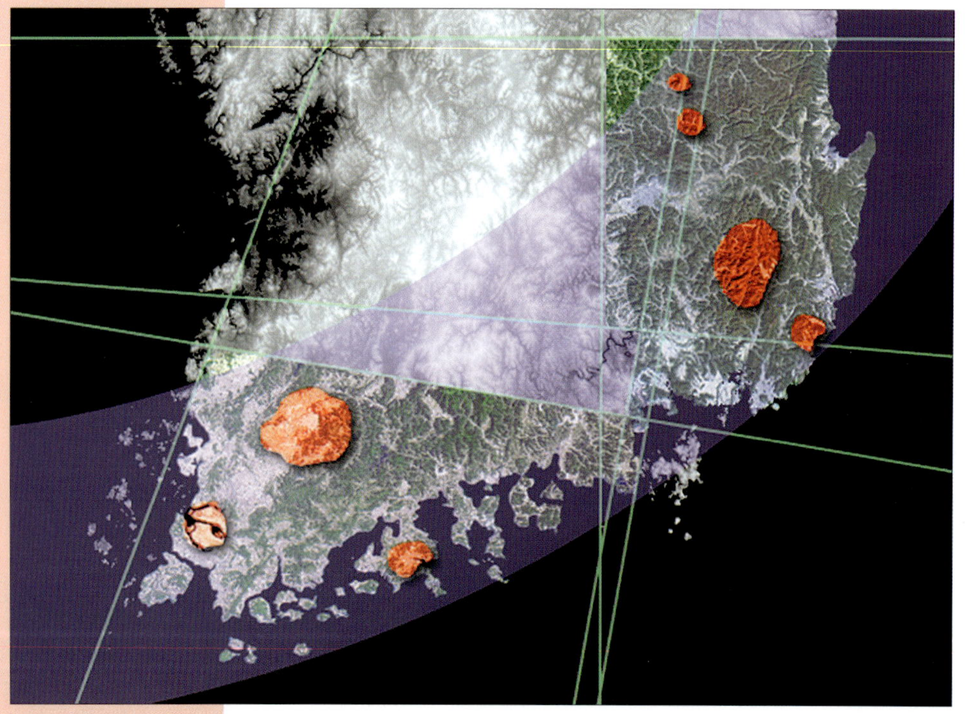

어느 때보다 따뜻했다.

그러나 수천만 년 전에 일어난 화산 활동의 구체적인 흔적들을 찾기란 말처럼 그렇게 쉬운 일이 아니다. 오랜 세월 동안 풍화 과정을 거치면서 그 흔적들이 희미해져버렸기 때문이다. 그래서 많은 사람들은 한반도에 있는 화산의 흔적이라고 하면 기껏해야 제주도의 한라산이나 백두산 천지만을 생각한다. 그러나 한반도 전역, 특히 남부 지방을 자세히 살펴보면 넓은 지역에서 당시에 분출되었던 화산재의 퇴적층이 보이고 군데군데 분화구의 흔적이 발견된다.

특히 지금의 경상도를 중심으로 한 경상 분지, 즉 경북 영양에서 의성 · 군위 · 청송 · 대구 · 청도와 경남 밀양 · 거제 · 충무를 거쳐, 전남 여수 · 고흥 · 장흥 · 강진 · 완도 · 해남 · 진도 · 목포 등으로 이어지는 활 모양의 선이 백악기의 활발한 화산대였던 것으로 추정된다. 이 외에도 충남 공주, 충북 음성과 영동, 전남 광주의 무등산, 전북 진안과 내장산, 강원도 태백 통리 등에서 소규모의 화산 활동이 독립적으로 일어났다.

다만 현재에는 수천 미터의 두께가 깎여나가 화산체 내부가 노출되어 있는 상태이기 때문에 전문가가 아니면 화산의 흔적을 찾아보기 힘들다고 한다.

경북 의성

경북 의성에 있는 금성산은 백악기의 화산 폭발 흔적을 아직도 간직하고 있는 곳이다. 약 7,100만 년 전에 분출한 분화구가 함몰하면서 생긴 칼데라의 밑둥치 부분이 미처 다 깎여나가지 않고 남아 있으며, 당시 흘러내린 용암과 화산재로 만들어진 화산암도 표면에 드러나 있다고 한다. 물론 그런 것이 실제로 화산 활동의 흔적인지 알아보기 위해서는 기본적인 사전 지식이 필요하다.

생성된 지 얼마 안 된 칼데라는 깎아지른 절벽처럼 둘러서 있는 주변부 때문에 쉽게 구별이 가능하다. 그러나 금성산의 경우처럼 오랜 시간 풍화와 침식을 받은 칼데라는 타원형의 흔적만이 남아 있게 된다. 공룡화석으로도 유명한 금성면의 탑리 등에서 보면 높은 산들이 어렴풋이 둥글게 이어져 있는 듯한 모습을 볼 수 있는데, 이것이 바로 금성산 칼데라의 밑둥치 흔적이다.

이렇게 밑에서 보면 잘 드러나지 않는 칼데라의 흔적도 위성사진으로 보면 타원형의 흔적이 더욱더 분명하게 드러난다. 게다가 이 타원형 화산암 주변의 단층이 금성산과 비봉산을 중심으로 한가운데가 움푹 꺼져 내려앉아 있어 이곳이 칼데라 지형임을 분명하게 확인해준다.

금성산과 인근 산을 포함하는 산 중턱에는 띠 모양의 암석층이 산을

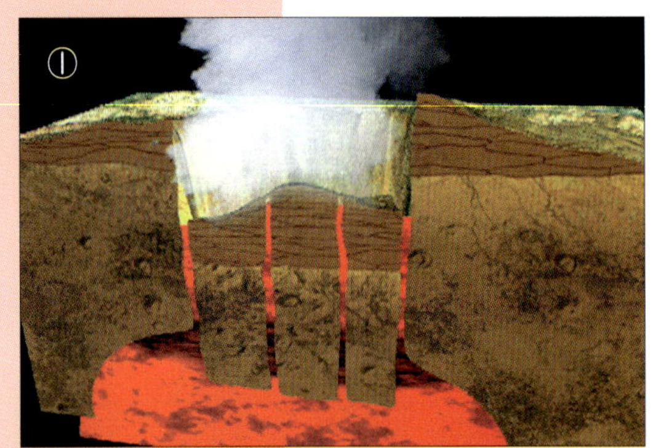

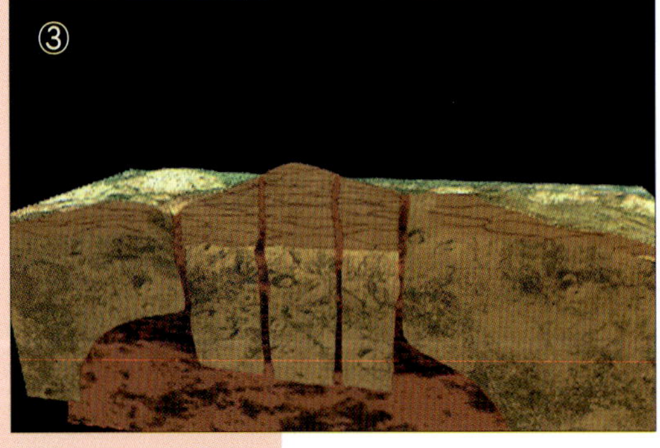

둘러싸면서 연속적으로 둥근 고리 모양을 나타내는 것을 볼 수 있다. 화산암의 일종인 유문암질 용암과 응회암으로 구성되어 있는 이것이 바로 7천만 년 전에 칼데라를 형성했던 흔적이다.

　둥근 고리 모양의 단층은 바깥쪽보다 안쪽이 경사가 더 급한데 이 또한 단층의 안쪽이 꺼져 내려앉았다는 증거가 된다.

　한반도 남부 일대의 위성사진을 분석해보면 의성뿐 아니라 여러 곳에서 전형적인 화산 활동의 흔적인 타원형의 칼데라 구조가 나타난다. 이것을 서로 연결해보면 활 모양의 일정한 선을 따라 나타난다는 것을 알 수 있다. 9천만 년 전 백악기 무렵 한반도 화산 활동은 주로 지금의 경상남북도와 전라남도를 잇는 이 띠 모양의 화산대에서 일어났다고 여겨진다.

용암과 화산재 흔적(위)

금성산 중턱을 둘러싸고 있는 띠 모양의 암석층은 7천만 년 전의 용암과 화산재의 흔적이다.

위성사진으로 본 칼데라

타원형 화산암 주변의 단층 한가운데가 움푹 내려앉아 있는 모습이 위성사진으로 보면 선명하게 드러난다.

경북 청송 주왕산

수직에 가까운 가파른 산봉우리 10여 개가 빽빽이 들어선 주왕산도 한반도 남부 지방의 대표적인 화산 지형 가운데 하나이다. 이곳 역시 7천만 년 전 격렬한 화산 활동의 결과로 만들어진 것이다. 주왕산에 가보면 주변에 별다른 높은 산도 없고 그렇다고 산악 지대도 아닌 곳에 가파른 산봉우리가 솟아 있는 것이 이상해 보인다. 산은 해발 720m로 다른 국립 공원에 비해 아주 나지막한 편이다. 그러나 얕은 산세에도 불구하고 산은 웅장하고 험준하다. 폭포와 기암절벽이 마치 설악산을 축소해놓은 것같이 보인다. 그것은 주왕산이 화산 활동으로 만들어진 산이기 때문이다.

당시 주왕산에는 화산 분출시 열운이라고 불리는 엄청난 양의 화산재가 공중으로 올라가지 못하고 용암처럼 지표면을 따라 흘렀다. 그것은 공중으로 흩어져 날리는 용암의 파편인 화산 쇄설물과 달리, 300~800도에 이르는 높은 온도와 자체 무게로 인해 마치 용접된 것처럼 단단한 암석으로 굳는다. 이렇게 만들어진 용결 응회암(welded tuff)은 마치 시멘트 콘크리트처럼 단단한 용암류 암석과 구별되지 않을 만큼 단단하다고 한다.

이렇게 굳은 암석은 시간이 지나 온도가 내려가면 체적이 줄어 갈라지기 시작한다. 이러한 균열을 주상절리라고 하는데, 수직으로 발달한 이러한 균열 때문에 침식이 가속화된다. 게다가 주왕산의 화산 분출은 한 번으로 끝난 것이 아니라 여러 차례 반복해서 일어났다고 한다. 그 때문에 분출 때마다 쏟아져나온 화산재와 용암은 그 성분과 시기가 다른 여러 층으로 퇴적되어 있다.

퇴적된 화산재와 용암이 그 성분과 시기의 차이 때문에 굳어져 만들어진 주왕산의 화산암은 각 층에 따라 다르게 침식이 일어난다. 각 층의 경계부는 풍화에 약해 먼저 침식이 일어나기 때문에 평탄한 면이 쉽게 드러나고, 단단한 각 층 내부는 수직 균열이 생겨 떨어져나간

주왕산 기암절벽

얕은 산세에도 불구하고 기암절벽이 많은 것은 주왕산이 화산 활동으로 만들어진 산이기 때문이다.

다. 덕분에 계단식 지형이 만들어지고 폭포가 발달하게 된 것이다.

7천만 년 전 주왕산에 화산 분출이 있었을 때 이곳은 주변 지형보다 훨씬 낮은 곳이었다고 한다. 그런데 오랜 시간 동안 주변의 높은 지대는 모두 침식돼 없어지고 워낙 단단하여 침식에 강한 주왕산의 화산암체만 침식이 덜 되었다. 그러다 보니 오히려 낮은 지대에 쌓였던 화산암들이 위로 드러나 지금처럼 평지에 우뚝 솟은 주왕산 같은 모습을 보여주고 있다.

광주 무등산

광주광역시에 속해 있는 무등산은 해발 1,187m로, 웅장한 산세를 자랑하는 호남의 명물이다. 그런데 이곳의 입석대와 서석대에 있는 돌기둥들이 과거의 화산 분출을 보여주는 증거라고 하면 많은 사람들이 어리둥절해 할 것이다.

입석대는 해발 1,017m로 마치 사람이 일부러 깎아놓은 듯한 돌기둥들이 반달 모양으로 둘러서 있는 곳이다. 돌기둥은 둥근 원 기둥이 아니라 한 면이 1~2m 정도 되는 5각 내지 6각 기둥이다. 이러한 돌기둥 30여 개가 동서로 40m 이상 빽빽이 늘어서

주왕산 형성 과정

① 화산 분출.
② 화산 분출시 쏟아져 나온 쇄설물들이 다시 땅으로 떨어져 쌓인다.
③ 물과 바람에 화산 퇴적물이 깎여 내려간다.
④ 오랫동안 침식이 이루어진 주왕산 전경.

서석대 형성 과정

① 흘러내린 용암이
  급속도로 식으면서
  표면에 균열이
  생긴다.
② 균열 사이로 물이
  침투한다.
③ 틈이 완전히 벌어져
  돌기둥 형상이 된다.
④ 서석대의 현재 모습.

있다. 이 기둥은 하나하나가 보통 10m 정도인데, 높은 것은 15m짜리도 있다. 중간 중간 금이 가 있어 서너 개의 블록을 쌓아 하나의 돌기둥을 세워놓은 것처럼 보인다. 산신이 어디에 쓰려고 돌기둥을 깎아 한쪽에 쭉 세워 쌓아놓고 오랜 시간이 지난 것처럼 보인다.

입석대보다 높은 해발 1,100m 지점에 깎아 세운 듯한 돌기둥이 빼곡이 들어차 있어 마치 돌 병풍을 두른 것 같은 곳이 서석대이다. 이곳은 저녁 노을이 지면 석양의 햇볕이 반사되어 수정처럼 반짝거리기 때문에 수정 병풍으로도 불린다.

서석대를 돌 병풍이라고 표현하는 이유는 이곳이 입석대만큼 각각의 기둥 사이가 선명하게 드러나지 않기 때문이다.

그러나 수직으로 분명하게 갈라진 틈이 보이고, 위에 올라가 보면 단면이 역시 다각형으로 갈라져 있어, 이들도 시간이 흘러 틈이 벌어지면 입석대와 같은 돌기둥이 되

리라는 것을 짐작할 수 있다.

그런데 이러한 돌기둥이 어떻게 화산 활동으로 만들어지는 것일까? 약 9천만 년 전인 백악기 후기, 무등산에는 펄펄 끓는 용암이 솟구쳐 흘러내렸다. 그런데 지표면으로 흘러나온 용암이 식으면서 수축 현상이 일어나게 되고 수직으로 균열이 생기게 되었다. 즉 주상절리가 생겼던 것이다.

이런 수직 방향의 틈에 비나 눈이 들어와 얼어 팽창하면 바위 틈은 차츰 벌어지게 된다. 벌어진 바위 틈 사이에서 풍화와 침식은 더욱 활발하게 일어난다. 이 같은 과정이 오랜 시간 반복되면 갈라진 용암 덩어리는 지금처럼 돌기둥을 세워 늘어놓은 것 같은 모양이 되는 것이다.

중생대 한반도는 왜 불타올랐을까

지금은 이렇게 평화롭기만 한 한반도가 왜 백악기 말에는 끓는 용광로처럼 불타올랐을까? 그 해답을 얻기 위해서 일본 열도 남쪽에 위치한 규슈 지방을 찾아가보자. 이곳은 일본에서도 가장 활발한 화산 활동이 계속되는 곳이다. 이곳에 있는 사쿠라지마, 아소, 운젠 화산 등은 세계적인 화산으로 지금도 수증기와 화산재를 내뿜고 있는 살아 있는 화산이다. 이 화산들은 엄청난 양의 화산재를 내뿜으며 폭발적으로 분출하는 특성을 갖고 있다.

특히 운젠 화산은 1991년 6월 3일 대폭발을 동반한 화산 분출이 있었다. 이때 엄청난 화설 쇄설물이 분출하여 마치 산사태처럼 쏟아져내리는 바람에 밑에 있던 마을이 초토화되었으며, 사람

무등산 입석대

산신이 어디에 쓰려고 돌기둥을 깎아 한쪽에 쌓아놓고 오랜 시간이 지난 것처럼 보인다.

운젠 화산 폭발

이 화산의 폭발로 산 밑에 있던 마을이 초토화되었다. 지붕만 남아 있는 2층 가옥이 그 당시 참상을 실감나게 보여 준다.

들을 모두 대피시켰음에도 불구하고 43명의 보도진과 화산 전문가가 희생되고 말았다. 지붕만 남아 있는 2층 가옥은 그 당시의 참상을 실감나게 보여주고 있다.

일본 규슈 지방에서 이렇게 활발한 화산 분출이 일어나는 이유는 이곳이 태평양 판과 유라시아 판이 만나는 지역이기 때문이다. 해양 지각인 태평양 판과 대륙 지각인 유라시아 판이 만나면 해양 지각이 대륙 지각 밑으로 섭입해 들어가게 되는데, 대륙 지각 밑으로 깔려 들어간 해양 지각이 바닷물과 함께 압력을 받아 녹아 마그마를 형성하게 되고, 이 마그마가 약한 윗부분을 뚫고 올라와 화산을 형성하는 것이다. 현재 전세계에서 활동 중인 화산의 80%가 바로 이러한 섭입대에 위치하는 화산이다.

이들 섭입대 화산은 지판의 경계부를 따라 마치 진주알을 엮어놓은 것처럼 분포하여 환태평양 화산대와 같은 불의 고

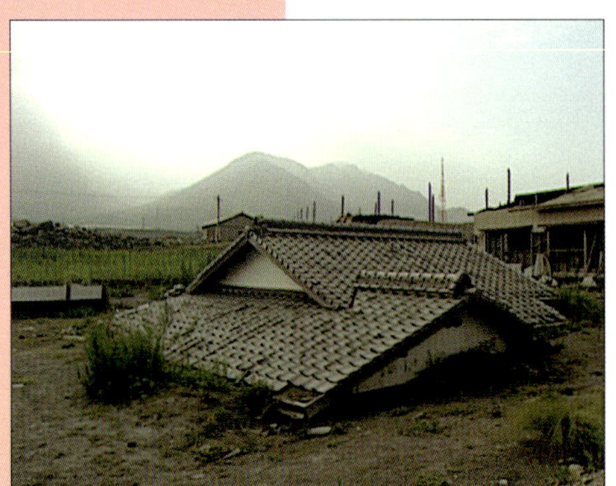

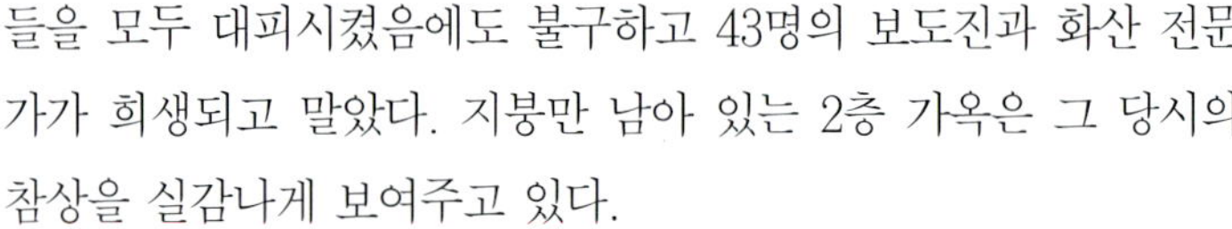

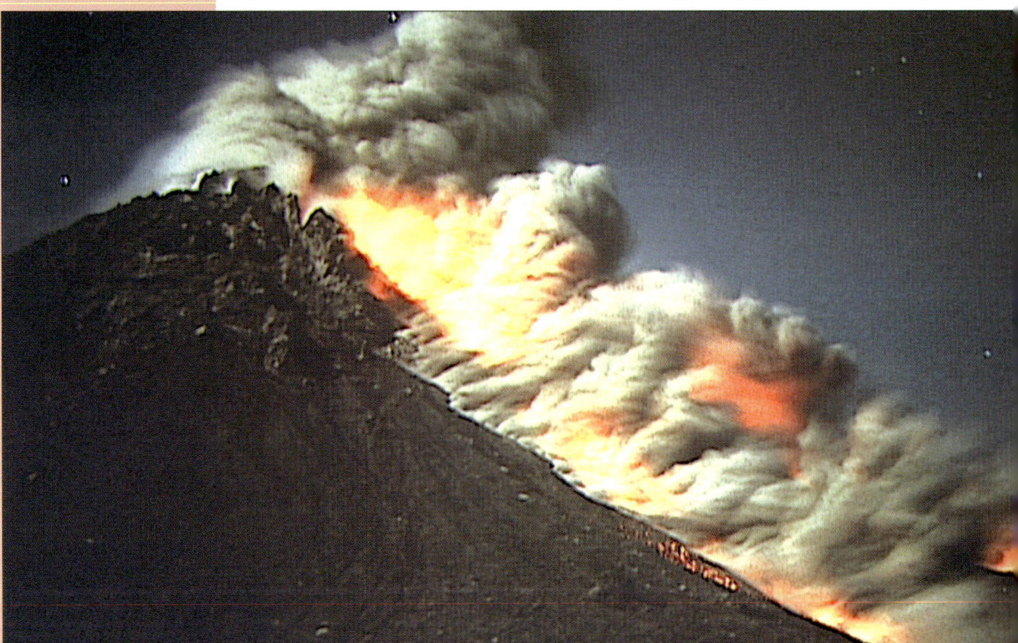

리를 만들어놓았다. 일본의 규슈 지방은 바로 그 불의 고리 위에 위치하고 있는 것이다. 이곳의 모습은 백악기 당시의 한반도 모습을 상상하는 데 많은 도움을 준다. 현재 일본의 활발한 화산 활동의 원인은 백악기 때 한반도 화산 활동의 원인이기도 했다. 당시에는 일본이 아니라 한반도 남부가 섭입대 위에 있었던 것이다. 게다가 당시의 화산 활동은 지금의 일본과는 비교도 할 수 없을 만큼 격렬한 것이었다.

그러던 것이 유라시아 판이 이동하면서 동해가 열렸다. 유라시아 판이 태평양 쪽으로 확장하는 바람에 일본이 밀려 떨어져나가게 된 것이다. 그 덕에 한반도는 대륙 지각 안쪽의 안정 지대로 들어가게 되었고, 대신 일본이 한반도가 있던 불의 고리 위로 올라서게 되었다. 그것이 오늘날 한반도가 아닌 일본에서 화산 활동이 활발한 이유이다.

대륙과 해양 지각의 충돌

해양 지각과 대륙 지각이 만나면 대륙 지각 밑으로 깔려 들어간 해양 지각은 물과 함께 압력을 받아 마그마를 형성하게 되는데, 이 마그마가 약한 윗부분을 뚫고 올라와 화산을 형성한다.

신생대의 화산 활동

백악기가 끝나고 화산을 만드는 판의 경계부가 일본으로 옮겨갔지만 그렇다고 한반도에서 화산 활동이 완전히 끝난 것은 아니었다.

원시 인류가 처음 직립 보행을 시작했을 것이라고 추정되는 500만 년 전 이후에도 한반도에서는 여전히 활발한 화산 활동이 계속되었다. 제주도, 백두산, 울릉도, 독도, 전곡, 간성, 백령도 등 한반도의 많은 비경이 이때 만들어졌다.

제주도가 생겼어요

제주도는 열점 화산

수학여행이나 신혼여행을 위한 최고의 관광지로 각광받고 있는 제주도는 사실 화산의 분출로 바닷속에서 솟아오른 섬이다. 돌하루방을 만드는 구멍이 숭숭 뚫린 현무암이며, 한라산 꼭대기에 있는 백록담, 성산 일출봉 등등 조금만 관심을 갖고 살펴보면 아주 오래 전 제주도를 뒤덮었던 화산의 불길 흔적을 생생히 되짚어볼 수 있다.

제주도에서 화산 활동이 시작된 것은 신생대 제3기 말에서 제4기로 이어지는 약 100만 년 전이었다. 제주도는 백두산, 울릉도, 독도와 함께 우리나라에서 가장 젊은 화산 지질에 속한다. 당시 한반도는 중생대 때처럼 판의 경계부에 있었던 것도 아닌데 왜 제주도에서 화산 활동이 일어났을까? 그것은 당시 제주도 밑 지구 심부에 열점이 있었기 때문이다.

제주도는 하와이와 마찬가지로 열점 때문에 만들어진 열점 화산이다. 열점 화산이며 순상 화산이라는 면에서 제주도는 하와이 화산과 많이 비슷하다. 단지 하와이가 해양 지각을 뚫고 올라온 열점 화산이라면 제주도는 대륙 지각을 뚫고 올라온 열점 화산이다.

사실 제주도 화산 지질에 대한 연구는 일제 강점기인 1925년

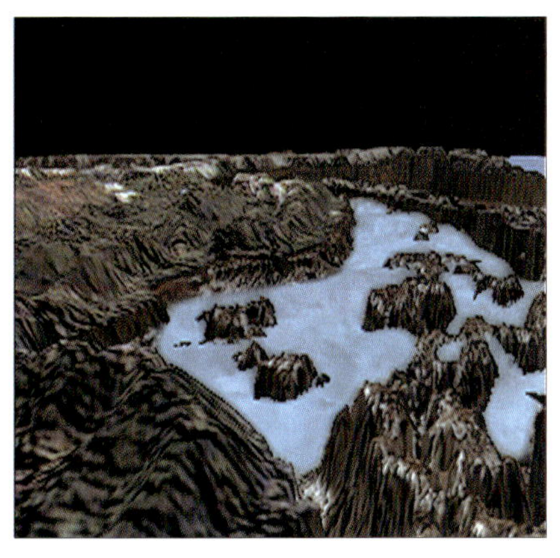

에 일본인 학자들에 의해 시작되었다. 본격적인 제주도 화산 지질에 대한 조사 연구는 해방 후 1960년대에 들어와 지하수 시추를 위한 지질 조사가 시작되면서 본격화되었다고 한다.

제주도는 지표면의 90% 이상이 화산암의 하나인 현무암이다. 많은 양의 현무암질 용암과 화산 쇄설물로 이루어진 화산섬 제주도는 백록담으로 대표되는 분화구와 화산재가 원형으로 쌓인 응회암, 용암 동굴 등 화산 지형의 특성을 잘 보여주고 있는 화산 박물관이기도 하다. 섬의 전체 모양은 장축의 길이가 74km, 단축의 길이가 32km인 타원형이며 중앙에는 해발고도 약 1,950m인 한라산이 있다. 한라산을 중심으로 동서 사면은 3~5°의 매우 완만한 경사를 이루고 있다. 완만한 경사의 해안 저지대 중앙에 높이 솟은 한라산의 모습은 옆에서 보면 마치 갓처럼 보인다. 장축 방향은 한반도의 남해안 및 중국의 요동 방향과 일치하며, 10만 년 전후에 활동한 기생 화산이 많이 분포되어 있다.

제주도가 전체적으로 완만한 경사의 순상 화산 지형을 갖고 있는 것은 화산 활동의 양상과 분출된 용암류의 점성도와 밀접한 관련이 있다. 즉 전반기에는 장축 방향을

용머리 해안 절벽

수중 폭발로 분출한
화산재가 쌓여
만들어졌다.

따라 점성이 낮은 현무암류가 주로 유출되어 경사도가 완만한 화산체를 형성하였고, 후반기에는 한라산 중상부 지역에서 점성이 비교적 큰 용암이 분출하여 고도 1,000m 이상의 가파른 화산체를 만들었던 것이다. 이렇게 가파른 용암체를 용암 원추구 또는 종상 화산추라고 하는데, 제주도의 산방산과 한라산 정상부는 전형적인 용암 원추구라고 할 수 있다.

제주도 산방산

제주도 중 제일 먼저 만들어진 원시 섬.

제주도의 4단계 변신

그렇다고 제주도의 전체적인 모습이 150만 년 전에 한꺼번에 만들어진 것은 아니다. 화산 지형 및 용암류의 절대연령 측정값을 근거로 제주도의 형성 단계를 살펴보면 제주도는 크게 4단계를 거쳐 완성되었다고 한다.

1단계는 신생대에 해당하는 약 100만 년 전의 활동으로, 이때에는 바다 밑 해수면 아래 분포하는 화산암체를 분출한 시기이다. 제주도는 깊은 바다 밑에서부터 용암류를 차곡차곡 쌓아올려 이 시기에 해수면 가까이까지 기반을 다진 것이다. 이때의 화산암체는 지금도 주로 바다 밑에서 발견되는데, 마지막 분화물 중

한라산 백록담

이 분화구는 제주도 형성이 거의 마무리될 무렵인 2만 5천 년 전 폭발한 화산으로 형성되었다.

하나가 현재의 산방산이라
고 한다.

　바다 위로 나타나는 현재
의 제주도 지형은 2단계의
화산 활동으로부터 형성되
었다. 이 시기는 약 60만 년
전부터로, 수십 번의 용암
분출을 통해 현재 제주도의
동부와 서부에 넓은 용암대
지를 형성했다고 한다. 용
이 승천하는 형상으로 서
있는 용머리 바위도 이때를
전후하여 해안까지 흘러내
려간 용암이 굳어서 만들어
진 것이다. 점성이 낮고 유
동성이 큰 현무암질 용암이
워낙 다량으로 분출한 덕에
제주도의 크기를 크게 확장

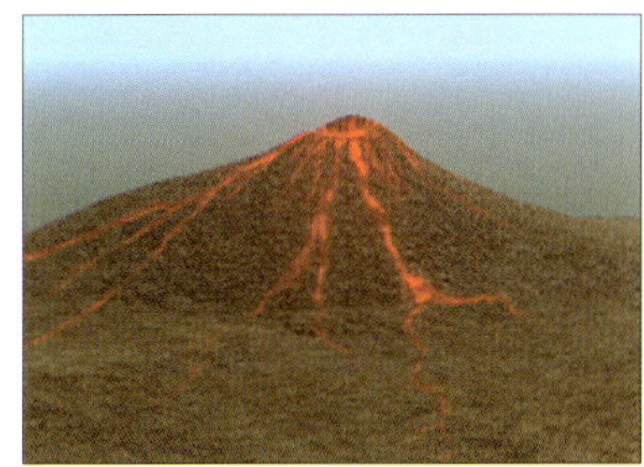

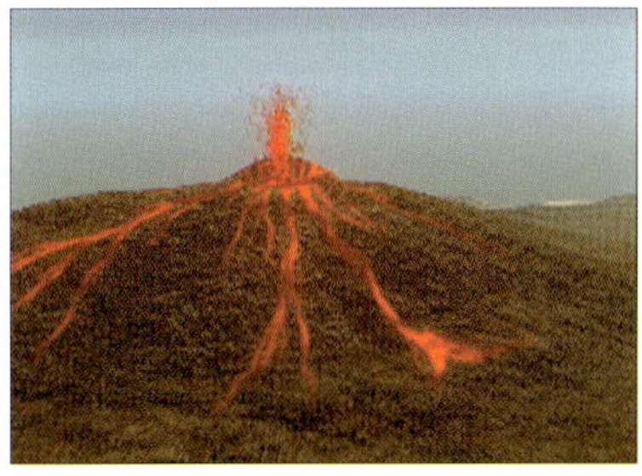

백록담 분출 과정

점성이 강한 용암의
폭발적 분출로 가파른
한라산체와 백록담이
만들어졌다.

시킬 수 있었다. 이때 이미 한라산을 제외한 현재 해안선의 외형
이 만들어졌다고 한다.

　41만 년 전에 분출된 용암류는 제주도의 중산간 지대와 한라
산 화산체의 하부를 형성하여 제주도의 모습을 순상 화산체로
만들었다. 해안 저지대에 널리 분포하고 있는 용암 동굴도 이때
분출된 용암류로 만들어졌다고 한다.

　제3기로 넘어오면서 제주도의 화산 활동은 한라산 화산체를
중심으로 진행되기 시작했다. 이때부터 용암은 조용히 분출하는
방식이 아니라 폭발적으로 분출하는 방식을 보인 것으로 추정된
다. 당연히 용암의 점성도 높아져 용암은 멀리 흘러가지 못하고
분출구 주변에 높이 쌓이게 되었다. 그리하여 16만 년 전에는 현
재 한라산의 대체적인 모양이 형성되었고 해안가에는 수월봉, 송

용암 석주

용암 동굴이 만들어진 후
그 위로 새로운 용암이
흐르면 동굴 천장의
무너진 틈으로 용암이
떨어져내리다 굳어서
용암 석주가 된다.

성산 일출봉

용암이 바닷속에서
폭발하여 생긴
새끼 화산.

악산, 성산 일출봉 등 제주도의 절경이 많이 생겨났다.

마치 한라산 정상에 있는 백록담을 떼내어 바다로 옮겨놓은 듯한 성산 일출봉은 용암이 바닷속에서 폭발하여 생긴 새끼 화산이다. 이것을 순수한 우리 말로 기생오름이라고 한다. 서울의 올림픽 주경기장같이 생긴 일출봉의 분화구는 직경이 600m이고 넓이가 8만 평이며, 분화구의 벽이 최고 182m 높이의 비슷한 봉우리 99개로 둘러싸여 있어 흡사 바다 위에 만들어진 천연의 요새 같다.

보통 현무암질 용암은 폭발적으로 분출하지 않고 얌전히 흘러나오지만 1,000도가 넘는 뜨거운 용암이 분출할 때 갑자기 물을 만나면 일시적으로 폭발을 일으키게 된다. 보통 물과 용암의 비율이 같을 때 폭발력이 가장 커진다고 하는데, 이렇게 만들어진 것이 경사가 거의 수평에 가까운 수월동과 산방산 앞 용머리 해안 등이다.

성산 일출봉은 물의 비율이 좀 더 높은 상태에서 폭발하여 부서진 용암 조각이나 가루, 화산재들의 점성이 높아져 원뿔처럼 경사가 급한 화산체가 만들어진 것이다. 그것이 오랜 시간 동안 파도에 깎이는 바람에 서북 사면을 제외한 전체가 직각에 가깝게 변했다고 한다. 원래 제주도 본 섬과 완전히 떨어져 있었던 일출봉은 본 섬 사이에 모래톱이 자라면서 육계사주에 의해 본 섬과 이어지게 되었다.

제4기는 12만 년 이후의 화산 활동으로, 이때는 제주도의 장축 방향을 따라 길게 틈이 생기면서 마치 불의 커튼과 같은 활발한 용암 분출이 있었다. 이 때문에 장축을 따라 가장 많은 기생 화산이 생겨났는데, 높이가 50m 전후인 이 기생 화산들은 지금도 그 원형이 잘 보존되어 있다. 오늘날 한라산 정상에서 볼 수 있

는 백록담도 이때 형성된 것이
라고 한다.

제주도의 화산 활동이 제4기
를 끝으로 완전히 끝난 것은 아
니다. 기록에 따르면 제주도는
멀지 않은 과거에도 화산 활동
이 계속되었던 젊은 화산섬이
다.《동국여지승람》에 의하면
고려 중엽인 서기 1002년과
1007년 2회에 걸쳐 화산 폭발이
있었으며,《조선왕조실록》에는
단종 때인 1455년과 현종 때인
1570년에도 화산 분출과 지진
이 일어나 인명과 가축에 많은
피해가 있었다고 기록되어 있
다. 하지만 이때 분출한 용암은
아직 확인되지 않았다.

그후 최근 수백 년간 제주도
에서 별다른 화산 분출의 징후
가 보이지 않는 것이 사실이다.
그러나 열점이라는 것은 수백만
년 동안 움직이지 않고 그 자리
에 있다고 하니, 제주도가 완전
히 죽은 사화산이라고 누가 말
할 수 있을까?

제주도의 용암 동굴

한반도에는 동굴이 많지만 강원
도 지역의 동굴은 모두 석회암
이 지하수에 녹아 만들어진 석

회 동굴이다. 반면 제주도에 있는 동굴은 용암이 흐르면서 만들어놓은 용암 동굴로서 전혀 새로운 모습을 보여주고 있다.

용암이 처음 지표에 흘러나왔을 때의 온도는 약 1,000도 정도로 무척 뜨겁다. 특히 점성이 약하고 유동성이 큰 용암은 빠른 속도로 지표면을 따라 흘러가는데, 그 표면이 공기 중에 노출되면 금방 식어 굳게 된다. 반면 내부의 용암은 굳은 용암의 겉부분이 단열 역할을 해주기 때문에 쉽게 식지 않고 계속 빠르게 흘러간다. 자연스럽게 용암으로 만들어진 터널이 생기는 것이다. 이 터널 속의 용암이 모두 흘러내려가버리면 남은 터널은 용암 동굴이 된다. 용암은 높은 곳에서 낮은 곳으로 흐르기 때문에 용암 동굴도 용암이 흐른 방향대로 만들어진다. 그래서 용암 동굴은 당시의 화산 활동을 연구하는 중요한 자료가 된다고 한다.

용암 동굴은 용암 속에 포함되어 있던 고온의 가스와 수증기 때문에 천장이 아치 모양으로 부풀어 있는 것이 보통이며 동굴 벽의 색은 거무스름하다. 흰색을 띠며 종유석과 석순 등 아기자기한 여러 가지 형태를 보여주는 석회 동굴과는 다르게 나름대로 남성적이고 장대한 느낌을 주는 것이 용암 동굴이다.

용암 동굴의 내부는 용암이 흐르면서 만들어놓은 다양한 형태로 꾸며져 있다. 동굴 천장에 고드름처럼 매달린 용암 종유석이나 동굴 바닥에 용암이 떨어져 쌓인

용암 석순은 마치 석회암 동굴의 종유석이나 석순을 보는 것 같
다. 다른 점이 있다면 석회암 동굴의 종유석과 석순은 지금도 석
회암이 물에 녹아 계속 자라나지만, 용암 동굴의 것은 만들어질
때의 그 모습 그대로 남아 있다는 것이다. 뜨거운 용암이 벽을 타
고 흘러내리면서 만들어진 용암 종유석 중에는 마치 상어 이빨처
럼 생긴 것도 있다.

용암 동굴에도 기둥 같은 석주가 있
다. 이것은 석회 동굴의 석주처럼 종유
석과 석순이 자라며 만나서 생긴 것이
아니다. 용암 동굴이 만들어진 후 그 위
로 새로운 용암이 흐르게 되면 동굴 천
장의 무너진 틈으로 그 용암이 떨어져
내리다 굳게 되는데, 이것이 용암 석주
이다. 그래서 용암 석주는 밑으로 갈수
록 폭이 넓고 위로 갈수록 좁아지는 피
라미드 형태를 띠고 있다. 동굴 벽에는
마치 홍수가 지나간 강바닥처럼 수평으
로 줄무늬와 홈이 새겨져 있다. 뜨거운 용암이 흐르면서 남겨놓
은 자국이다. 이렇게 용암 동굴은 석회 동굴 못지않은 많은 진풍
경을 보여준다.

용암 종유석

동굴 천장에 고드름처럼
매달린 용암 종유석
중에는 상어 이빨처럼
생긴 것도 있다.

제주도에서 지금까지 발견된 용암 동굴은 모두 81개나 된다고
한다. 그중에서 가장 대표적인 것은 김령 부근의 만장굴과 한림
읍의 협재굴이다.

만장굴은 30만 년 전, 엄청난 양의 현무암질 용암이 뿜어져나
와 제주도에 거대한 용암대지를 만들 때 형성되었다고 한다. 만
장굴의 석순이 약 2만 년 전의 현무암으로 만들어진 것을 보면
만장굴은 여러 차례의 용암 분출로 만들어진 동굴임에 틀림없다.

만장굴 안에는 제주도의 섬 모양과 비슷한 거북바위가 있다.
물론 용암이 식어 만들어진 것이다. 현무암이면서도 표면이 반질
반질한데, 그것은 용암이 흐를 때 동굴 안이 고온 고압이어서 마

치 찐빵을 찌는 것처럼 되었기 때문이라고 한다. 만장굴은 만들어질 때 약 13km가 넘는 규모였던 것으로 추정되나, 지금은 천장이 무너져 몇 개의 굴로 분리되었으며, 직접 볼 수 있는 곳은 입구에서 1km 정도이다.

협재굴은 길이가 160m로 짧지만 용암 동굴이 만들어진 후 굴 속으로 스며든 지표상의 석회암 성분 때문에 석회 동굴의 특성까지 갖고 있다. 제주도에는 이러한 복합 동굴이 몇 개 더 발달해 있다고 한다. 보호를 위해 제주도의 일부 용암 동굴만이 일반인에게 개방되고 있지만, 이러한 제주도의 용암 동굴은 훌륭한 자연 학습장이며 화산 연구의 자원이라 할 수 있다.

울릉도

울릉도는 백두산, 제주도와 함께 신생대 제3기 말에서 제4기 초에 있었던 화산 활동으로 만들어진 화산섬이다. 대략 250만 년 전에서 1만 년 전 사이에 만들어진 것으로 보인다. 비슷한 시기에 만들어진 화산섬이지만 울릉도는 제주도와 여러 가지로 다른 면이 있다.

제주도가 한라산을 정점으로 방패를 엎어놓은 순상 화산이라면 울릉도는 계곡 일부를 제외하면 섬 전체가 바다 위로 우뚝 솟아 있는 돔(dome) 모양이다. 또 제주도는 바위에 구멍이 숭숭 뚫린 검은색 현무암이 대부분이지만 울릉도는 조직이 치밀하고 단단한 화산암인 조면암이나 조면암질 화산재가 굳어져 만들어진 응회암, 화산 쇄설물이 굳어져 만들어진 암석 등으로 구성되어 있다. 이러한 차이는 왜 생기는 것일까?

그것은 두 화산의 마그마 성질이 다름에 따라 화산 분출 양상도 달랐기 때문이다. 제주도를 형성했던 마그마는 점성이 낮고 유동성이 큰 현무암질 마그마였다. 이 마그마는 지각이 갈라진 틈을 따라 마치 밥물이 넘치는 것 같은 분출 양상으로 해안까지 넓게 흘러가 자꾸자꾸 제주도를 크게 만들었다. 당연히 방패를

울릉도 전경

신생대 제3기 말에서 제4기 초에 있었던 화산 활동으로 만들어진 화산섬으로, 섬 전체가 바다 위로 우뚝 솟아 있는 돔 모양이다.

엎어놓은 것 같은 완만한 화산섬이 된 것이다.

반면 울릉도를 만든 마그마는 점성이 강하고 유동성이 적은 마그마였다. 이 경우 마그마에는 가스가 많이 농축되어 있기 때문에 해수면에 가까이 도달하면 폭발적으로 분출하기 시작한다. 엄청난 양의 화산재가 하늘 높이 솟구쳤다 떨어져 쌓이고 그 위를 점성이 강한 용암류가 폭발적으로 분출해 덮어버렸을 것이다. 거기에 다시 뜨거운 화산재나 용암 부스러기인 화산 쇄설물이 지표면을 덮는 복잡한 과정이 계속되었던 모양이다.

이러한 용암의 성분 차이 때문인지 울릉도는 제주도와 달리 물도 풍부하다. 제주도의 현무암은 틈이 많아 비가 오는 대로 빠져나가는 반면, 울릉도의 화산암은 스펀지처럼 물을 머금고 있다 서서히 내보내는 화산 쇄설암이 많아 물이 풍부하다는 것이다.

울릉도는 아주 작은 섬처럼 보이지만 실제로는 수심 2,000m의 깊은 바다에 솟아 있는 화산체이다. 바다 위로 드러나 있는 것은 빙산의 일각에 불과한 것이다. 섬 중앙에 솟아 있는 해발 984m의 성인봉도 뿌리부터 재면 실제 높이가 3,000m가 넘는다. 이 거대한 화산체는 원뿔 모양이어서 해수면 위로 드러난 규모는 폭이 10km 안팎이지만 바닷속의 밑바닥은 지름이 약 30km로 제주도와 비슷한 규모일 것으로 추정되고 있다.

울릉도도 제주도처럼 몇 단계를 거쳐 형성되었다고 하는데 3단계로 나누는 것이 보통이다. 1단계는 약 270만 년 전에서 250만 년 전으로, 화산체가 해수면으로 노출되어 울릉도의 기저를 형성한 시기이다. 이후 근 100만 년에 이르는 휴지기가 있었고 180만 년 전에서 100만 년 전 사이에 2단계 화산 분출이 있었다. 이때 지금의 울릉도 지형이 대부분 형성되었으며 분화구가 함몰하여 만들어진 칼데라도 생성되었다고 한다. 3단계 화산 분출은 약 9,300년 전까지 있었던 화산 활동으로, 이때 알봉 분화구가 생겼다고 한다.

울릉도를 만들었던 분출구가 함몰해서 만들어진 칼데라는 현재 울릉도의 유일한 평야인 성인봉 북쪽의 나리 분지이다. 이곳은 침식이 별로 진행되지 않아 원형이 잘 보존되어 있다. 해발고도 250m 정도인 나리 분지는 약 45만 평의 넓은 삼각형으로, 동남부과 서남부가 500m 안팎의 절벽에 둘러싸여 있으며 천부리와 추산리 등 북쪽 해안은 비교적 낮은 산지로 막혀 있다. 분지의 북서부엔 칼데라가 만들어진 후 2차로 분출한 화산의 중앙 화구인 알봉이 솟아 있어 이중 화산을 이루고 있다.

　이곳은 물도 풍부하고 식생도 넉넉하지만 뱀이나 쥐, 토끼 같
은 야생동물이 거의 없다고 한다. 바다 한복판에서 솟아오른데다
한 번도 육지와 연결된 적이 없었기 때문이다. 바닷속에서 솟아
오른 화산 지형의 특성을 그대로 간직하고 있는 울릉도는 화산
연구의 보고이며 독특한 생태를 자랑하는 멋진 관광지임에 틀림
없다.

독도

독도는 수심 2,000m의 동해 바다 한가운데 외로이 서 있는 우리
국토의 동쪽 끝 막내섬이다. 그러나 독도의 지질을 본격적으로
연구한 경상대 손영관 교수(화산학)에 따르면 실제로 독도가 만
들어진 시기는 460만 년에서 250만 년 전 사이로 울릉도보다도

독도 전경

독도 역시 울릉도와
마찬가지로 깊은
바다에서 분출한 화산이
만들어놓은 화산섬이다.

앞서고 제주도보다도 앞선다. 나이로만 따지면 가장 큰 섬인 제주도가 막내 격이고 독도가 맏형인 셈이다.

독도는 폭 1,509m 안팎의 해협을 경계로 꼭대기가 뾰족한 왼쪽이 서도, 비교적 평탄한 모습을 하고 있는 곳이 동도이다. 독도 역시 울릉도와 마찬가지로 깊은 바다에서 분출한 화산이 만들어놓은 화산섬으로, 구성 물질도 울릉도와 비슷하다.

같은 화산섬인데도 독도에는 분화구와 같은 화산체의 흔적이 남아 있지 않다. 가장 먼저 만들어진 섬인 만큼 오랫동안 바다의 거친 파도와 바람을 맞아 모두 깎여버렸기 때문이다. 애초에 만들어진 화산체는 동도에서 서도를 지나 북쪽의 물개바위로 이어지는 선을 따라 원형 또는 타원형을 이루고 있었을 것이다. 화산체의 중심에 칼데라도 있었겠지만 시간이 지남에 따라 그 대부분은 침식되고, 칼데라의 남서쪽 돌출 부위가 남아 있는 것이 지금의 동도와 서도가 되었다고 한다. 시간과 파도와 바람의 힘이 그렇게 무서운 것이다.

독도는 이 같은 해저산의 진화 과정을 모두 보존하고 있다. 하

백두산 천지

장대한 아름다움을 뽐내는 하늘의 호수 천지는 화산 폭발의 분화구가 함몰되어 만들어진 칼데라이다.

지만 바닷속 깊은 곳에서부터 화산 분출로 성장하여 만들어진 해저산은 수면 위에 남아 있기조차 힘든 것이 보통이다. 수면 위에 드러나더라도 계속된 용암 분출과 파도의 침식, 폭풍 등에 의해 파괴되는 경우가 대부분이라는 것이다. 그런 면에서 독도는 해저산의 성장과 진화의 모든 과정이 그대로 보존되어 있는 보기 드문 지질학의 보고라고 하겠다.

백두산의 형성

우리 민족의 영산인 백두산 꼭대기에는 장대한 아름다움을 뽐내는 천지가 있다. 신령스럽기까지 한 이 하늘의 호수 천지는 남북이 4.4km, 동서가 3.37km이며 총 저수 면적이 20억 4,000만m³나 된다. 최근 중국 여행 자유화를 통해 이 천지에 손을 담그며 감격스러워하는 사람들도 많아졌지만, 막상 이 천지가 화산 폭발의 분화구가 함몰되어 만들어진 칼데라라는 사실을 실감나게 느끼는 사람은 별로 없다.

원래 백두산 지대는 평평한 현무암 지대였다고 한다. 그러던 것이 신생대에 들어와 화산이 폭발하면서 현재의 험준한 산세가

백두산 분화 상상도

백두산은 최소한
네 차례의 대폭발이
일어났던 것으로
추정된다.

솟아나게 되었다. 중생대 말처럼 한반도가 환태평양의 불의 고리인 섭입대 위에 있었던 것도 아닌데 왜 백두산에서 화산이 폭발한 것일까? 그것은 백두산 밑 지구 내부에 열점이 있기 때문이다. 백두산은 제주도와 함께 대표적인 열점 화산이다. 다른 점이 있다면 제주도는 유동성이 강한 용암으로 만들어져 순상 화산의 형태를 갖고 있으며, 백두산은 점성이 강하고 가스가 많이 녹아 있는 용암의 폭발적인 분출로 만들어져 가파른 산세를 갖고 있다는 것이다.

지금까지는 백두산 지형이 중심부에서 일어난 단 한 번의 대규모 화산 폭발과 용암의 분출로 형성됐다는 '중심식 성층화산설'이 정설이었다. 그런데 최근 중국 연변대 유충걸 교수는 백두산이 최소한 네 차례의 대폭발과 함께 분화구가 내려앉아 현재의 지형과 천지를 이루었다는 '다중심 화산 복합체설'을 제시했다. 이 이론은 동위원소 측정법과 천지의 형태, 지층 상태의 분석 등을 통해 제기된 새로운 이론이다.

원칙적으로 화산이 한 번 폭발하여 칼데라가 만들어졌다면 천지의 형태는 원형이어야 하며 천지 주변 봉우리들의 지층도 같아야 하는데, 실제로 천지는 타원형이며 봉우리마다 지층도 다르다는 것이다. 백두산 천지 주변에는 해발 2,500m 이상인 봉우리가 20여 개나 된다. 그런데 이들을 살펴보면 남쪽이 더 오래됐고 북쪽의 연령이 가장 어리다고 한다. 게다가 천지의 깊이마저 북쪽으로 갈수록 깊어지는데, 이것은 마지막 폭발과 함락이 북쪽에서 이루어졌음을 의미한다는 것이다. 이 주장대로라면 북쪽에서의 화산 폭발이 맨 나중에 발생하였으며 천지가 남쪽에서 북쪽으로 확대되었다는 사실을 알 수 있다.

전체적으로 원추형인 백두산에서 유일하게 깊은 계곡이 발달한 곳이 장백폭포이다. 이곳은 화산이 폭발하면서 용암이 분출하여 지하에 빈 공간이 생겼을 때 지각의 약한 부분이 내려앉아 생긴 지형이다. 이렇게 되자 천지의 물이 낮은 곳으로 흘러 해발 2,000m 지점에서 폭포가 되어 떨어지게 되었다. 이곳은 노천 온천으로도 유명하다.

그렇다면 구체적으로 언제 이러한 화산 폭발이 있었을까? 지층 조사 결과에 따르면 1차 대폭발과 함몰은 약 55만 년 전에, 2차는 약 8만 7천 년 전에, 3차는 약 1만 년 전에, 4차는 약 1,200년 전에 있었다고 한다. 이러한 수차례의 폭발로 인해 굳어진 용암 위에 또 용암이 흘러 백두산 주변에는 4~5층의 용암계단이 여기저기서 발견되기도 한다.

네 차례에 걸친 거대한 백두산 폭발 중 가장 의미가 있는 것은 마지막 폭발일 것이다. 우리 한민족의 역사 시대에 있었던 대규모의 화산 폭발이기 때문이다. 이 흔적을 쫓아 아주 흥미로운 주장이 제기되고 있으니 바로 발해에 대한 이야기이다.

발해는 환상의 나라(?)

발해는 우리 민족이 세웠던 위대한 국가 중 하나이며 특히 만주를 포함한 대륙의 넓은 영토를 다스렸던 나라이다. 그럼에도 발해 역사는 기껏해야 역사 교과서의 한 페이지를 장식하는 정도로 소외되어온 것이 사실이다. 왠지 발해는 진짜 우리 민족 역사의 한 부분이라기보다 민족의 우수성을 강조하

장백폭포

백두산 화산이 폭발하면서 용암이 분출하여 지하의 빈 공간이 생겼을 때 지각의 약한 부분이 내려앉아 생긴 지형이다.

기 위해 남의 것을 억지로 끌어온 것 같은 느낌으로 남아 있다. 민족의 정통성을 통일 신라가 온통 독차지하다 보니 옛 고구려 땅에서 고구려를 계승했다는 발해는 공중에 붕 떠서 찬밥 신세로 전락했는지도 모른다.

이것은 단지 필자 개인만의 사정은 아닐 것이다. 역사학계에서는 발해가 어떤 위치를 차지하고 있는지 모르겠지만, 일반 국민들의 사정은 대개 비슷하다. 이성계는 알아도 대조영은 모르는 것이 사실이다. 적어도 발해의 역사를 널리 알리는 데 실패했다는 말이 된다.

고증된 확실한 기록이 많지 않다는 점이 또한 대중화의 걸림돌이었는지도 모르겠다. 발해는 뛰어난 문화를 갖고 있었음에도 자신들이 쓴 역사 기록을 남기지 못했기 때문이다. 대조영의 동생인 대야발이 썼다는 《단기고사》가 전해오고는 있지만 거짓(?)으로 가득한 야사로 치부되고 있는 것이 현실이다. 발해를 계승했다고 건국 초기에 떠들던 고려 왕조도 발해에 대한 별다른 역사서를 남기지 않았다. 신라만이 적자로 인정받아 《삼국사기》에 중심으로 자리잡고 있을 뿐이다.

조선 후기 실학자들에 의해 처음 존재 가치를 부여받은 발해는 일제 치하의 민족 사학자들에 의해 계승되어 오늘에까지 이르렀다. 그러나 이 끊임없는 발해의 생명력이 오히려 해방 후에 더 찬밥 대접을 받은 느낌을 지울 수 없다. 발해는 여전히 알려진 것보다 알려지지 않은 것이 더 많은 전설의 나라처럼 존재하고 있다.

여기에는 발해를 중국 역사의 일부로, 그것도 당에 복속된 말갈족의 자치 정부 정도로 빼앗아가고 싶은 중국 역사학자들의 횡포도 크게 한몫을 하고 있을 것이다. 안타깝게도 발해의 모든 유적이 중국 영토 안에 있고 발굴과 연구조차 중국 역사가들에 의해 독점되고 있으니 그 왜곡의 상황은 굳이 보지 않아도 훤하기만 하다.

발해는 발해이다

비록 발해인이 쓴 역사책도 없고 발해의 유물도 남의 손에 있지만 마음만 먹으면 발해의 실상을 충분히 짐작해볼 수 있다. 한 나라가, 그것도 230년 가까이 지속되었던 나라가, 한반도 북부를 포함하여 중국의 만주와 러시아령의 연해주 일대까지 포함한 거대한 제국을 건설했던 나라가 역사 속에서 흔적도 없이 사라진다는 것은 쉬운 일이 아니기 때문이다. 주변의 기록들을 살펴보면 감추려고 해도 결코 감출 수 없는 흔적이 남아 있다. 역사는 충분한 개연성을 갖고 쓰여지는 소설과 비슷한 면이 있어서 관련 기록을 유추해보면 없어진 부분을 복원할 수도 있는 것이다.

삼국을 통일한 신라가 대동강 이남을 차지함에 따라 대동강 이북과 요동 지방에 속하는 옛 고구려 땅은 당나라 안동도호부의 지배를 받게 되었다. 그러나 고구려 유민들의 끈질긴 저항 때문에 안동도호부는 결국 698년에 폐지되고 만다.

한편 요서 지방의 영주(營州)에는 당나라가 이민족 분열 정책의 일환으로 강제로 이주시킨 많은 고구려 유민과 거란족, 말갈족이 함께 살고 있었다. 끊임없이 고구려의 부흥 운동을 일으켰던 골치 아픈 고구려 유민들은 중국 본토, 특히 당의 북방 전진 기지인 영주에서 중요한 역할을 수행하게 된다.

696년에 이진충이라는 거란족의 추장이 난을 일으켰다. 거란족의 반란으로 당의 지배가 약화되자 많은 고구려 유민과 말갈인들은 영주를 탈출하여 만주 동북 지방에 자리를 잡았다. 이 대탈출의 무리를 이끌었던 지도자가 걸걸중상과 그의 아들 대조영이었다. 대조영 무리는 당나라 장군인 이해고의 추적에 대항해 당군을 크게 격파하였고, 마침내 동쪽 옛 고구려 땅인 계루 지방에 들어가서 동모산에 성을 쌓고 살았다. 698년 대조영이 스스로를 진국의 왕이라 칭하며 사신을 보내니 이때를 발해 건국의 원년으로 삼는다.

발해 수수께끼의 시작은 발해의 시조인 대조영이 고구려인인가, 말갈족인가 하는 점이다. 《당서》에는 대조영이 고구려인이라고 되어 있으나 후에 다시 쓰여진 《신당서》에는 대조영이 말갈인이라고 되어 있다. 이러한 차이는 중국 사람들의 정치적 필요에 의해 생겼을 수도 있고 말갈과 고구려인이 우리 생각처럼 그렇게 다른 민족이 아니기 때문에 생긴 것일 수도 있다.

그러나 발해가 일본에 보낸 서신 등을 보면 발해는 고구려를 계승한 나라가 분명하며 대조영 또한 고구려를 계승한 유민이 분명하다. 발해가 고구려를 계승했다는 것은 발해 스스로의 주장이기도 했지만 일본과 신라 등 주변 국가들도 인정했던 부분이었다. 나중에 말갈의 후손인 여진족이 거란을 물리치고 금나라를 세운 기록을 살펴보면 말갈족과 거란족은 끝까지 발해인을 따로 구별하는 정책을 시행하였다.

어쨌든 말갈족은 아니었던 것 같은 대조영을 중심으로 고구려 유민들이 지배 계층을 이루고 말갈족이 피지배 계층을 이루는 발해 국가가 형성되었다.

발해는 2대 무왕(武王) 때에 영토를 확장하기 시작하여 북만주 일대를 차지하였고 3대 문왕(文王) 때에는 요하까지 영토를 넓혔다. 이제 발해는 황제의 칭호를 쓰면서 황국의 면모를 갖추기 시작했다. 9세기에 이르러 잠시 쇠퇴기에 접어들었던 발해는 10대 선왕(宣王) 때에 이르러 다시 부흥기를 맞게 된다. 국토는 옛 고구려보다도 넓어졌고, 5경 15부 62주의 지방제도가 완비되었으며, 해동성국(海東盛國)이라는 칭호도 이때 얻게 되었다.

고구려의 문화를 계승하고 당의 문화까지 받아들였던 발해의 문화는 신라에 비견할 만한 높은 수준을 갖고 있었던 것으로 밝혀지고 있다. 최근에 발굴된 발해의 능과 조각과 벽화들이 발해의 높은 문화 수준을 증명한다. 발해는 유교와 한문학 수준도 높았을 뿐 아니라 불교 문화와 천문학, 역학, 의학, 산학 등에서도 높은 수준을 이룩했다고 전한다.

발해의 멸망과 백두산

서기 900년대 동북 아시아의 정세는 아주 급박하게 변하고 있었다. 서기 907년, 동북 아시아의 강자로 군림하던 중국의 당나라가 멸망하고 중국이 분열되었던 것이다. 이 순간 새로운 동북 아시아의 강자로 군림할 수 있는 능력을 갖고 있던 나라가 바로 발해와 거란이었다. 당나라가 강성할 때에는 서로 도와 당나라를 견제해야 했던 두 나라는 이제 새로운 패권을 놓고 서로 다투는 처지에 놓이게 되었다. 수십 년간 발해와 거란은 일진일퇴

발해에 관한 《요사》의 기록

서기 900년대 발해에 민심을 흔드는 사건이 생겨 거란이 싸우지 않고 발해를 이겼다는 내용이 적혀 있다.

의 공방을 계속했다. 그런데 서기 926년 정월, 발해는 거란군의 침공을 한 달도 견뎌내지 못하고 맥없이 항복하고 말았다. 당시를 기록한 거란 역사책에는 발해에 내분이 생겨 민심이 흔들렸기 때문에 싸우지 않고 발해를 이겼다는 아리송한 이야기가 적혀 있을 뿐이다.

> 선제에게 고하기를, 발해가 이심해진 것을 틈타서 군사를 움직이니 싸우지 않고 이겼다.
>
> 《遼史 卷75 列傳5 耶律羽之》

이러한 어처구니없는 항복에 대한 당시의 정세나 발해 왕국의 실상은 거의 알려져 있지 않다.

수십 년간이나 대등하게 싸웠던 발해가 왜 제대로 싸워보지도 못하고 거란의 공격 앞에 허망하게 멸망하고 말았을까? 발해 백성들의 마음을 흔들리게 하고 사회를 혼란스럽게 했던 사건은 무엇이었을까? 이에 대한 설명은 어디에도 남아 있지 않다.

또 하나의 이상한 기록은 나라가 망하기도 전에 발해의 지배계층들이 대거 고려로 망명하고 그곳에서 좋은 대우를 받았다는

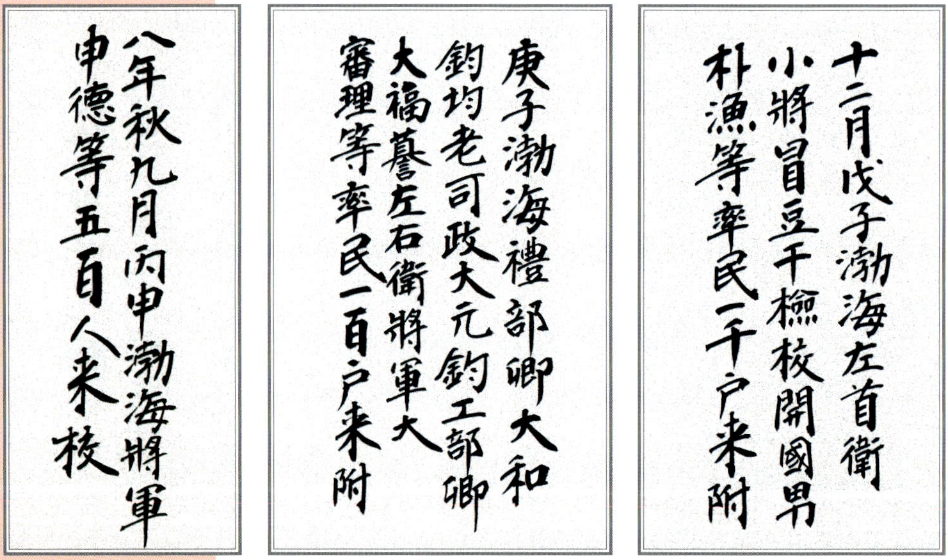

八年秋九月丙申渤海將軍申德等五百人来投

庚子渤海禮部卿大和鈞均老司政大元鈞工部卿大福謩左右衛將軍大審理等率民一百户来附

十二月戊子渤海左首衛小將冒豆干檢校開國男朴漁等率民一千户来附

《고려사》의 발해 기록

발해가 멸망하기 전 발해인들이 대거 고려로 망명했다는 내용을 담고 있다.

《고려사》의 기록이다.

가을부터 시작되어 겨울까지 계속된 이 망명의 주인공들은 모두 장관이나 차관급 고위 관직에 있는 사람들이었고 성씨를 통해 이들이 대부분 왕족임을 알 수 있다. 처음에는 고위 관직에 있는 사람들이 이끄는 500여 명에서 시작된 망명 행렬은 이후 백성들까지 가세하여 백 호, 천 호의 큰 무리를 이루었다.

망명치고는 참 이상한 망명이 아닐 수 없다. 보통 내란이 일어나면 백성들이 먼저 피난을 시작하고 고위 관리들이 소리 없이 뒤따르게 되기 때문이다. 더욱이 이때는 거란군이 침입하기 전이었고 당연히 아직 발해는 멸망하지도 않은 때였다. 그런데도 왕족과 고위 관리들이 먼저 나라를 버리고 떠나기 시작한 것이다. 아무리 생각해도 평범한 내란이 아니었음이 분명하다. 거란의 황태자는 이러한 발해의 상황을 파악하여 수도를 총공격하자고 주장했고 그의 판단은 정확했다. 결국 발해는 싸워보지도 못하고 멸망한 것이다. 그렇다면 발해의 왕족과 고위 관리들은 왜 미리 발해를 떠났던 것일까? 발해 멸망은 지금도 역사의 수수께끼로 남아 있다.

그런데 지난 1990년 일본의 도쿄 메트로폴리탄 대학 마치다 히로시 교수는 〈백두산 화산 폭발과 그 환경적 영향〉이라는 논문에서 발해가 백두산의 폭발 때문에 멸망했다는 가설을 내세웠다.

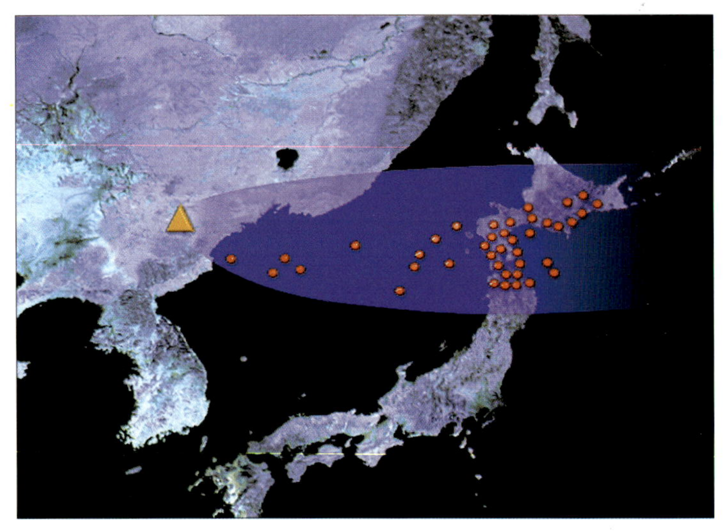

그는 동해와 인접한 일본 지역의 지층에서 10세기의 백두산 화산재로 보이는 건층(鍵層, key bed)이 발견되고 있는데, 화산재가 동해를 건너올 정도였다면 당시 발해 지역의 피해가 엄청났을 것이란 논리를 전개했다.

실제로 1970년대 이후 일본 북부 지방에서는 일본 화산에서 분출한 화산재라고 볼 수 없는 독특한 화산재층이 많이 발견되고 있다. 'B-Tm ash(백두산-토마코마이 화산재)'라 불리는 이 화산재 성분은 일본 화산의 화산재에선 거의 볼 수 없는 알칼리 성분이 많은 규장질의 화산 유리로 되어 있었다. 이곳에서 시료를 채취하여 대덕의 기초과학지원연구소에서 분석한 연구 결과도 이러한 사실을 확인해주고 있다.

이러한 화산재는 동해 바닷속에서도 발견되는데, 해양 시추 자료에 의하면 1~16cm 두께의 화산재가 서쪽으로 갈수록 두꺼워진다고 한다. 일본 혼슈 북부 및 홋카이도 일원 곳곳에서도 약 1~5cm 두께로 쌓인 화산재층이 발견되고 있다.

시기적으로 이 화산재는 분명히 10세기경 백두산 폭발 때 일본으로 날아온 것이다. 아마도 당시 백두산 폭발로 엄청난 화산재가 대기층으로 치솟아 이중 일부가 편서풍을 타고 동해를 건너간 것으로 추정된다. 화산이 폭발할 때 용암은 화산 주변 지역에만 흘러 국지적인 피해를 주지만 화산재는 열기를 머금은 채 멀리까지 날아가 비처럼 다시 떨어지기 때문에 그 재앙은 엄청 날 수 있다.

이 화산재가 일본까지 날아갈 정도였다면 당시 백두산 주변에 있었던 발해는 어땠을까? 엄청난 폭발을 동반한 백두산의 화산 분출이 엄청난 양의 화산재를 뿌렸던 것은 분명 사실이다. 연구에 의하면 이때의 백두산 분출로 약 $50km^3$에 해당하는 분출물이 쏟아져나왔다고 한다. 금세기 최악의 재앙으로 기록된 필리핀의 피나투보 화산이 폭발할 때 그 10분의 1에 해당하는 분출물이 쏟아져나왔음을 생각하면 백두산의 폭발이 어느 정도인지 짐작해볼 수 있다.

그 화산재는 무시무시한 열운을 형성하여 산 밑으로 쏜살같이 떠밀려 내려가 닥치는 대로 모든 것을 파괴해버렸을 것이다. 특히 백두산에는 강이 많이 발달해 있는데 이 강줄기를 따라 용암과 열운이 흘렀다면 그 밑은 멀리 있는 마을조차 흔적 없이 사라졌을 수 있다. 실제로 큰 강에서는 어김없이 화산재와 물과 산사

백두산 화산 지형

백두산의 정상 기슭에는 곳곳에 화산 지형이 그대로 남아 있어 거친 지층의 단면을 볼 수 있다.

태의 흙과 바위가 섞인 뜨거운 진흙류인 토석류의 흔적이 나타
난다고 한다.

많은 양의 화산재는 성층권에 도달할 정도로 높이 치솟아 하늘
을 뒤덮고 멀리까지 퍼져 태양을 완전히 가렸을 것이다. 거의 수
백 킬로미터에 달하는 곳까지 화산재가 퍼져나가고 다시 그것이
떨어져내렸다면, 그 열기가 사람을 죽일 정도는 아니었다고 해도
그 주변의 농작물과 가축을 몰살시켰을 것이고, 기온까지 내려가
수년간 기근이 닥쳤을지도 모른다. 이러한 기근은 많은 사람들을
굶주림으로 죽게 했을 것이다.

화산, 특히 폭발적으로 분출하는 대규모의 화산 폭발은 폼페이
를 멸망시켰던 베수비어스 화산의 예에서 알 수 있듯이 무시무
시한 것이다. 게다가 백두산을 신령한 산으로 믿고 숭배했던 우
리 민족에게 백두산의 폭발은 하늘님의 분노로 여겨졌을 것이고
그것이 얼마나 민심을 혼란하게 했을지는 충분히 짐작해볼 수
있다.

지금도 지름이 4km가 넘는 백두산 분화구인 천지 주변은 분출
된 용암이 갑자기 식으면서 떨어져 쌓인 부석 때문에 온통 눈이
쌓인 것처럼 희게 보인다. 백운봉이나 천문봉 주변에는 이러한 부
석들이 약 70m 두께로 쌓여 있다고 한다. 천지에서 멀지 않은 함
경북도 삼포 일원과 천지 주변에는 펄펄 끓는 화산재가 삼림을 덮
쳐 나무들이 숯으로 변해 묻힌 흔적도 남아 있다. 백두산에서 동북쪽으로 90km 떨어진 곳에도 불탄 나무가 두께 30cm의 쇄설물 퇴적물 속에 매장되어 있다. 일설에 의하면 어림잡아 전체 2,000km^2 정도에 화산

재와 쇄설물이 쌓였다고 한다. 일본에서 보았던 것과 같은 두꺼운 화산재 층이 발견되는 것은 말할 것도 없다. 이러한 모든 수치들은 당시 백두산의 폭발이 유사 이래로 가장 큰 분출의 하나였음을 보여준다.

백두산 골짜기

화산회와 부석층으로 이루어진 경사가 급한 골짜기.

　또 한 가지 재미있는 것은 백두산이 폭발한 연도를 정확히 알아낼 수는 없지만, 당시 화산재 때문에 타 죽은 탄화목의 나이테를 분석해보면 폭발한 시기가 계절적으로 가을에서 겨울 사이임을 알 수 있다고 한다. 《고려사》의 기록에서 발해 귀족들의 망명이 시작된 것도 가을이니 참으로 묘한 일치가 아닐 수 없다.

　발해는 분명 나라 전체가 용암에 깔려 멸망하지는 않았을 것이다. 그러나 이렇게 복합적인 화산 분출의 영향으로 막대한 인명 손실과 재산상의 피해, 거기에 민심의 혼란까지 야기되었다면 발해 왕조의 세력은 급격히 약화되었을 것이 분명하다. 이런 사정 때문에 발해는 결국 거란과 싸워보지도 못하고 허망하게 멸망했던 것은 아닐까? 충분히 짐작해볼 수 있는 부분이다.

　하지만 백두산 분출이 발해 멸망과 관련이 있다는 주장에 회의적인 국내 사학자들도 많다. 서울대 송기호 교수는 발해 멸망 직전에 백두산이 폭발했다는 기록은 있지만 그로 인한 멸망설은 신빙성이 적다고 말한다. 발해가 통일 신라와 대동강을 경계로 하고 있었지만 수도는 백두산 북쪽 300km 지점인 현재의 흑룡강성 동경성 부근이기 때문에 화산 피해가 이곳까지 심각하게

미쳤을 것으로는 보이지 않는다고 한다.

어느 쪽이 진실일까? 역사는 아무것도 후손에게 남긴 것이 없다. 그러나 산과 돌은 많은 것을 기억하고 있으며 그 기억을 읽어내고 분석하는 것은 또 다른 사람들의 몫일 것이다. 발해에는 무슨 일이 있었을까? 백두산의 분출은 얼마만한 재앙으로 우리 민족의 역사에 상처를 남겼던 것일까? 이럴 땐 정말 타임머신이 있었으면 좋겠다.

백두산의 봉우리들

백두산 주변 봉우리의 암석 틈에서 화산 가스가 방출되는 것이 발견되기도 한다.

백두산은 다시 폭발할 것인가?

발해가 멸망했던 10세기에 백두산 화산 분출이 완전히 끝난 것
은 아니었다. 백두산의 분출에 대한 기록은 서기 1413년, 1597
년, 1668년, 1702년, 그리고 가장 최근인 1903년에도 나타난다.
《조선왕조실록 제37책 현종대왕실록 권지14》에는 다음과 같은
기록이 있다.

> 함경도 경성부에 잿빛의 비가 내렸다. 부령에도 잿빛의 비가 내렸
> 다.(현종9년 음력 4월 23일, 1668년 6월 2일)

경성부와 부령은 백두산 천지에서 동쪽으로 150km 정도 떨어
진 곳에 있다. 잿빛의 비란 뜨거운 화산재가 비와 함께 내리는
것을 말한다. 이 잿빛 비를 내린 분출이 꽤 멀리 떨어져 있던 백
두산 천지에서 있었는지는 정확히 확인할 수 없다. 그러나 백두
산이 위치한 개마고원 자체가 해발 600~1,000m인 순상 화산체
로서 그곳에 수많은 화산추가 있음을 생각하면 백두산 천지의
분화였을 가능성이 크다.
《조선왕조실록 제280책 숙종대왕실록 권지36》에도 백두산 분
출에 대한 기록이 나온다.

> 함경도 부령부에서 이 달 14일 오시에 하늘과 땅이 갑자기 캄캄해
> 졌는데, 때로 혹 누런 빛이 돌기도 하면서 연기와 불꽃 같은 것이 일
> 어나는 듯하였고 비릿한 냄새가 방에 꽉찬 것 같기도 하였다. 큰 화
> 로에 들어앉아 있는 듯 무더운 기운에 사람들이 견딜 수가 없었다.
> 그것은 4경이 지나서야 사라졌다. 아침에 나가보니 온 들판에 재가
> 내려앉았는데 마치 조개껍질을 태워놓은 것 같았다. 경성부에서는 같
> 은 달 같은 날 좀 늦은 때에 연기와 안개 같은 기운이 서북쪽에서 갑
> 자기 밀려오면서 하늘과 땅이 캄캄해지고 비릿한 노린내가 사람들의
> 옷에 스며들었으며, 몹시 무더운 기운이 마치 큰 화로 속에 앉아 있

호반 온천

백운봉 아래에 있는
온천. 바위들이 유황에
의해 붉은 빛으로
변해 있다.

는 듯하였다. 그리하여 사람들 모두가 옷을 벗어던졌으며 땀이 흘러 끈적끈적하였다. 흩날리던 재는 마치 눈과도 같이 산지 사방으로 떨어졌는데 그 높이가 한 치 가량 되었다. 걷어 보니 모두 나무껍질이 타다 남은 것이었다. 강변의 여러 고을들도 다 그러하였는데 간혹 더욱 심한 곳이 있었다.

(숙종28년 음력 5월 14일, 1702년 6월 3일)

이것은 백두산 화산 분출을 150km 이상 떨어진 먼 곳에서 관찰한 사실을 생동감 있게 묘사한 부분이다. 부령부는 경성 북쪽에 위치한 곳으로 천지로부터 동쪽으로 약 150km 떨어진 곳에 있고, 경성은 동해에 붙어 있는 곳으로 천지로부터 동남쪽으로 150km 떨어진 곳에 있다. 경성에서 관찰된 현상은 부령보다 약간 늦으므로 화산 분화물이 서쪽에서 동쪽으로 이동하다가 약간 남쪽으로 치우쳐 이동하여 떨어졌음을 알 수 있다. 아마도 뜨거운 화산재가 하늘을 가리고 황과 같은 가스 때문에 지독한 냄새를 풍기며 온 벌판에 떨어졌던 모양이다.

하지만 당시 사람들은 화산에 대한 지식이 부족하여 화산재가 무엇인지 몰랐기 때문에 그것을 조개껍질 탄 것이나 나무껍질 탄 것으로 비유했던 것이다.

실록에 있는 기록은 아니지만 천지조수 유건봉이 기록한 〈長白山江岡志略〉에도 천지 화산 분화 과정에 대한 묘사가 나온다.

　길 안내인 서용순이 말하기를, 광서 29년 5월에 그 동생 복순, 옥량, 유복 등과 같이 저석파 아래 두파구에서 사슴 두 마리가 산으로 올라가는 것을 보았다. (중략) 여섯 사람이 호수 주위에 눕거나 앉아 있는데 깊은 밤이 되자 찬바람이 뼈를 깎고 배가 고파서 잠을 이룰 수가 없었다. 함께 잡곡을 몽땅 먹어버렸다. 시간이 좀 지나서 하늘이 약간 밝아졌지만 안개는 여전하였다. (중략) 별안간 번개가 치고 비가 내리자 사람들이 겁이 나서 함께 울고 있었다. 밤이 더 깊어졌을 때 호수 수면 위로 3~5개의 별이 올라갔다 내려갔다 하는 것이 보였다. 별안간 폭발하는 소리가 나자 공중에서 차 바퀴만큼 큰 불덩어리가 떨어지고, 수면 위를 수많은 불꽃이 낮처럼 환하게 밝혔다. 포성이 벼락처럼 울리고 파도가 하늘 높이로 크게 일어났다. 이 여섯 사람이 떨며 움직이지 못하였다. (중략) 반 시간 후 우박이 비처럼 쏟아졌는데 큰 것은 1촌 가량 되었다. 여섯 사람이 돌 아래로 피하였다. 유와 복순이 머리를 맞아 피가 흘러 젖은 옷으로 머리를 동여매었다. 그리고 두 시간이 지나 동쪽에 햇빛이 생겼다. 구름이 걷히고 바람도 잔잔해지고 안개는 산봉우리에만 걸려 있었다. 서영순의 말이 진실이어서 여기에 적는다.

　(청나라 광서29년, 1903년)

서영순은 1908년 유건봉이 장백산 천지를 관찰하고자 할 때 길 안내를 한 사람이었다고 한다. 그는 1903년에 자신의 일행과 백두산 천문봉 북서부 절벽 아래에서 천지에서 일어난 소규모의 화산 분화를 목격하고 그 이야기를 서영순에게 전했던 것이다.

　그 뒤로 지금까지는 분출에 대한 별다른 기록이나 관찰 사실이 알려진 바 없다. 그러나 백두산이 사화산이 되었다기보다는 현재 휴화산 상태에 있다고 보는 것이 현명할 것이다. 백두산을 연구하고 있는 중국의 화산학자들에 따르면 최근 들어 백두산이 아주 수상하다고(?) 한다.

　백두산 지역에는 1985년에 설치된 화산지진

오랑캐장구채

천지 가의 바위 틈에서 자란 야생화.

관측소가 있다. 연변 조선족 자치주 지진변공실에서 관장하고 있는 이 관측소의 보고에 따르면 1992년까지 화산성 지진과 미동이 78차례 이상, 1991년 6월부터는 30차례 이상 감지되었다고 한다.

이렇게 잦은 소규모의 지진이 자주 감지되는 것은 마그마의 운동으로 인한 화산 진동일 확률이 높다. 진도 2 정도의 이러한 미진은 약 10~15km 부근에서 시작되는데 이것은 이곳에 형성된 마그마가 상승하는 증거일 수도 있다는 것이다.

또한 백두산 주변 백운봉 기슭과 녹명봉 정상부, 제자하 상류 동강 등지에서 암석 틈을 따라 화산 가스가 방출되는 것이 여러 차례 발견되기도 했다. 게다가 백두산의 온천은 대부분 80도 이상의 고온이며 지열도 다른 곳보다 높다고 한다. 백두산이 해마다 조금씩 높아지고 있다는 조사 결과도 있다. 많은 사람들이 백두산 천지에서 목격했다는 괴물이 천지 속에서 솟아오르는 뜨거운 가스가 수면 위로 분출하면서 만들어낸 커다란 물방울일지도 모른다고 생각하는 과학자도 있다.

이러한 현상은 백두산이 잠재적 에너지로 가득 차 있음을 보여주는 것이다. 일반적으로 화산 폭발이 임박한 화산에서는 이와 같은 현상들이 감지되어 왔다. 그렇다고 이런 현상들이 반드시 폭발로 이어지는 것은 아니지만 이미 100여 년 간 휴식을 취해온 백두산이 다시 활동을 시작할지도 모른다는 가능성은 언제라도 존재하고 있다.

백두산이 다시 폭발한다면 어떤 일이 벌어질까?

화산 폭발 지점은 원래 분화구인 천지일 가능성이 높지만, 일본의 후지 산처럼 지각이 약한 곳을 뚫고 주분화구가 아닌 산 사면으로 용암과 화산 쇄설물이 분출될 수 있다. 안 그래도 폭발적으로 분출하는 것이 백두산 화산의 특징이기 때문에 이러한 측면 분출은 그 방향에 따라 더 많은 피해를 유발할지도 모른다. 천지에 있는 호수는 순식간에 수증기로 날아가거나 1,000도가 넘는 용암과 섞여 흘러내리면서 흔적도 없이 사라질 것이고, 백두산은 흉한 몰골로 남을지도 모른다.

무엇보다 가장 두려운 것은 앞으로 다가올 폭발이 천 년 전의 대폭발을 반복할지도 모른다는 사실이다. 왜냐하면 천 년 전의 폭발 이후 그와 같은 대규모의 폭발 없이 화산의 에너지가 계속 쌓여온 것이나 다름없기 때문이다. 실제로 지난 1991년 분출한 피나투보 화산은 600여 년 동안 침묵을 지키다 대폭발을 일으키면서 금세기 최대의 재앙으로 남았다. 지금으로서는 폭발의 규모를 확실히 예측할 수 없지만 그렇게 된다면 천 년 전에 건재했던 왕국 발해의 재앙보다 더 비극적인 사태가 발생할지도 모른다.

중국의 화산학자들은 백두산의 재분출 시기를 대략 서기 2000년에서 2050년 사이로 보고 있다고 한다. 그 전까지 화산을 예측할 수 있는 기술과 함께 화산의 재해를 최소화할 수 있는 기술을 발전시킬 수 있을지 의문이다. 백두산 제2의 대폭발은 한반도의 모습을, 우리 한민족의 운명을 어떻게 바꾸어 놓게 될까?

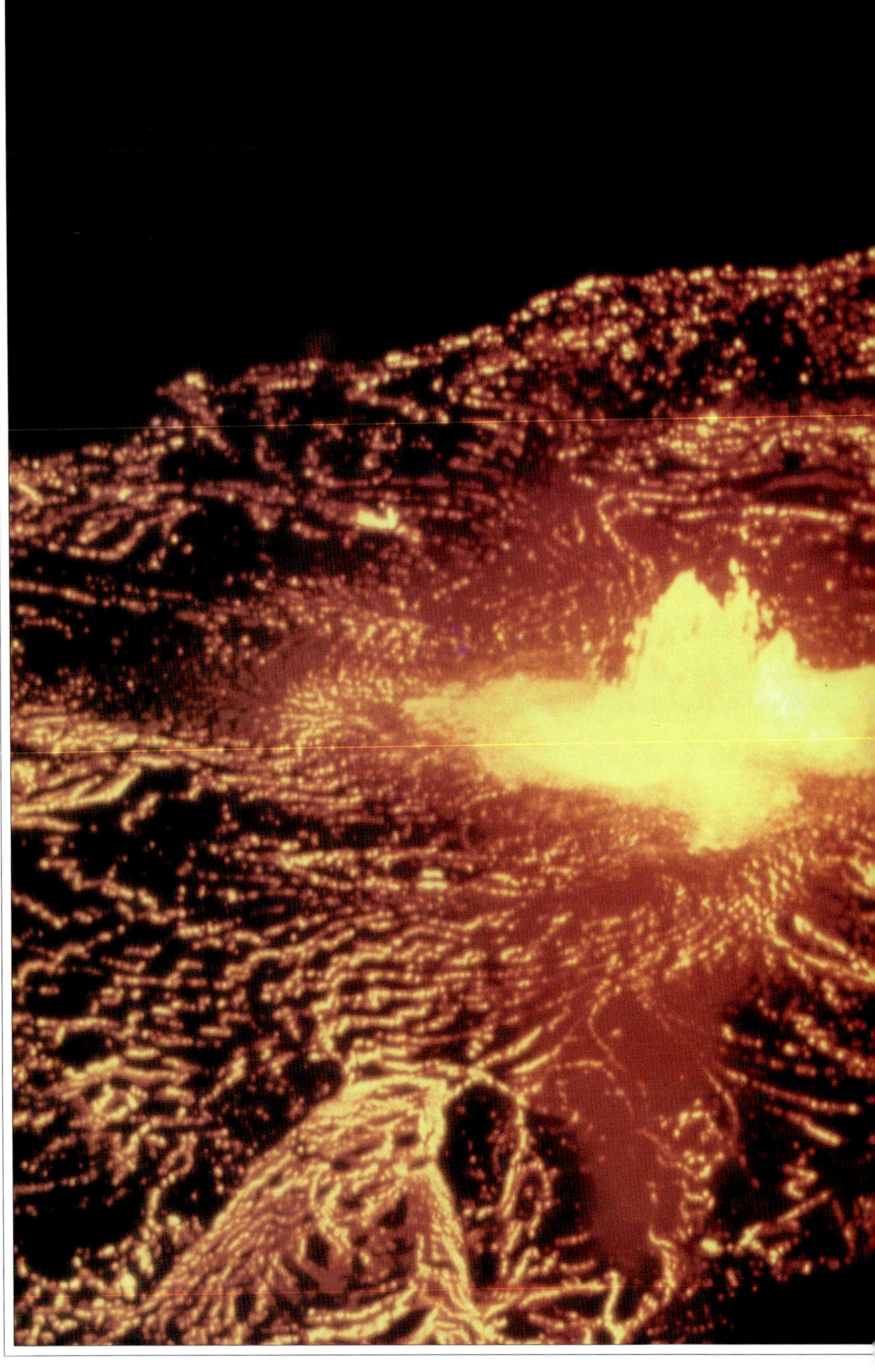

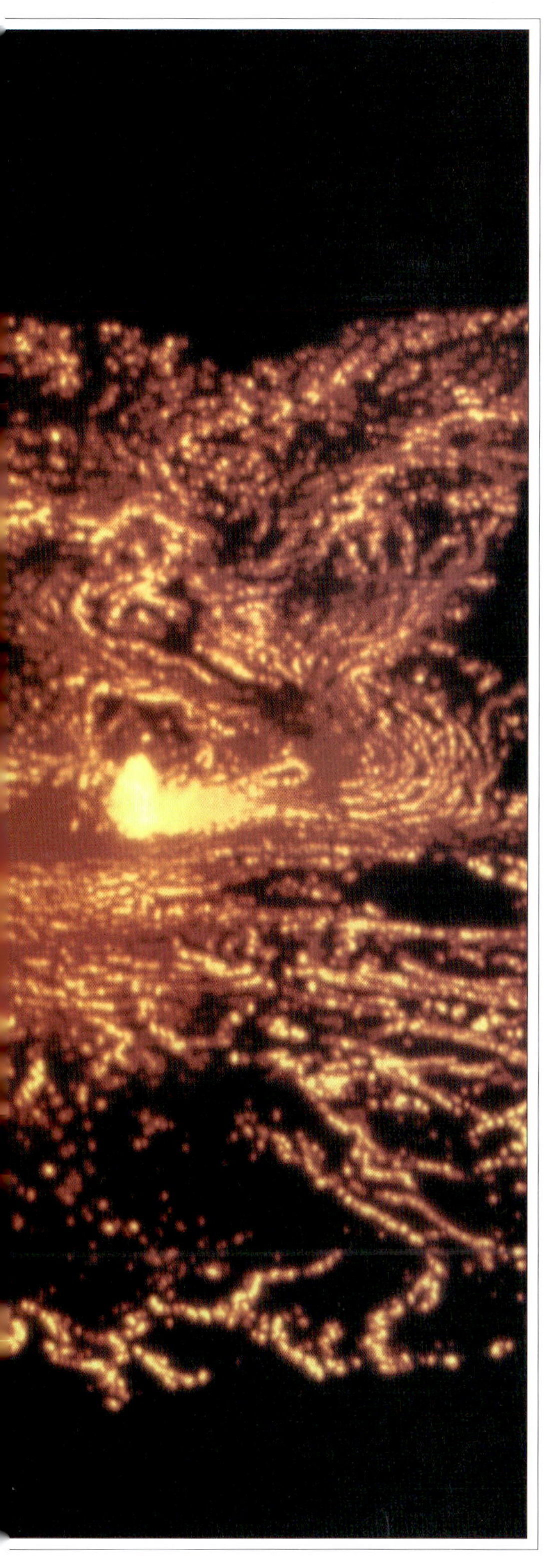

제3장

세계의 화산

유사 이래로 수많은 인명을
앗아간 세계의 화산들.
그 비극의 현장 속에는 화산이라는
거대한 자연의 재앙에 맞서는 인간의
용기와 지혜가 숨어 있다.

폼페이 최후의 날

이탈리아의 나폴리 시가지 뒤편에는 역사상 가장 유명한 비극을 연출한 베수비어스 화산이 있다. 이 화산은 AD 79년에 엄청난 폭발을 일으켜 폼페이를 파묻어버렸다. 이때의 베수비어스 화산 폭발로 도시 전체가 화산재에 파묻혔고 2천여 명이 사망했다.

로마 시대에 베수비어스 화산은 사화산으로 간주되고 있었다. 그도 그럴 것이 베수비어스 화산은 이미 천 년 이상 숨을 죽이고 있었기 때문이다. 이 화산이 분화할 거라고 짐작한 사람이 아무도 없었기에 피해는 더 클 수밖에 없었다. 게다가 당시 이곳은 인구밀도가 높은 번화한 도시였다.

엄청난 굉음과 함께 분출 기둥이 솟구쳤고 이것은 곧 버섯구름 모양으로 퍼져나갔다. 온 세상이 깜깜한 어둠에 휩싸였고 곧 불타는 돌덩이와 재가 소나기처럼 쏟아지기 시작했다. 폼페이와 헤르쿨라네움에 살던 주민들은 대피할 꿈도 꾸지 못하고 있다가 칠흑 같은 어둠과 뜨거운 돌의 비 속에서 목숨을 잃었다.

곧 이어 더 무서운 재앙이 닥쳐왔다. 폼페이에는 바람을 타고 실려온 뜨거운 화산재와 쇄설류가 순식간에 몇 미터 높이로 쌓였고, 헤르쿨라네움에는 무시무시한 화산 쇄설류와 화산 폭풍이 밀어닥쳐 사람들과 도시를 덮어버렸다. 도망가기 위해 바닷가로 피신했던 수백 명의 헤르쿨라네움 주민들은 그곳에서 화쇄 폭풍에 휘말려 한꺼번에 목숨을 잃었다. 그 후에 다시 독가스와 진흙의 사태가 흘러내려 남아 있던 생존자

들의 목숨을 빼앗고 도시를 완전히 파괴해버렸다. 이 천재지변으로 로마에서 가장 비옥하고 아름답던 지역이 완전히 초토화되고만 것이다.

　이 비극의 순간은 소 플리니우스의 편지를 통해 생생하게 후세에 전해졌고 수많은 예술가들에 의해 재현되었으나, 막상 비극의 현장은 조금씩 잊혀져갔다. 사람들은 비옥한 토지로 변한 그 땅 위에 집을 짓고 밭을 만들고 숲을 가꾸면서 이곳이 도시의 무덤이라는 사실을 생각하지 못했다. 그렇게 폼페이는 화산재에 의해 거의 2천 년간 지하 6m 아래에 매몰되어 있었다.

　1700년대 초 오스트리아 귀족이었던 델 뵈프가 자신의 별장에서 우물을 파다가 도시의 흔적을 발견하면서 본격적인 폼페이 발굴이 시작되었다. 그는 역사적인 의미보다 자신의 골동품 소장품을 늘리는 데 더 관심이 많은 사람이었다. 그 발굴 작업은 1738년 새로이 나폴리 왕국의 지배자가 된 스페인의 카를로스 3세에 의해 이어졌다. 이때에는 보다 과학적인 방법으로 발굴이 이루어져 당시의 주택과 공공기관들이 세상에 다시 모습을 드러내었다.

베수비어스 화산 폭발

이 화산의 폭발은 수많은 사람들의 목숨을 앗아 갔고 주위의 도시를 완전히 파괴해버렸다.

1756년이 되면서 발굴 작업은 돈이 되는 보물찾기에서 역사적인 도시의 복원이라는 쪽으로 조금씩 방향을 잡아가기 시작했다. 스페인의 뒤를 이어 나폴리를 지배한 프랑스도 발굴을 계속하였으며, 1860년 이탈리아가 새 왕국으로 병합되면서 발굴 작업이 더욱 중요성을 띠게 되었다.

폼페이 유적 발굴에 가장 기여한 사람은 주세페 피오렐리라는 학자였다. 발굴에 대한 새로운 기획으로 엄밀하게 일을 진행한 피오렐리는 이전의 탐험과 현재의 답사 과정까지도 정리해두는 치밀함을 보였다. 그는 유물 복원에 아주 독창적인 방법을 사용했는데, 이미 죽어 사라진 사람들과 동물을 복원해내는 것이었다.

당시 비극의 현장에 있던 사람들은 화산재와 독가스 때문에 목숨을 잃고 쓰러졌으며 곧 그

위로 뜨거운 화산재가 덮여 쌓였다. 그 속에 쌓인 사람의 몸은 타거나 썩어 없어지고 시신이 있던 자리에는 빈 공간과 약간의 뼈만 남게 되었다. 그는 이 빈 공간에 석고액을 부어 굳힌 후 그것을 다시 끄집어내었다. 그 석고상은 죽어간 사람들의 공포에 찬 얼굴 표정과 옷의 주름까지도 생생히 재현하였다. 뜨거운 화산재 속에

서 고통스럽게 죽어간 개와 없어진 나무와 수레까지도 그렇게 다시 모습을 드러냈다.

그 이후에도 베수비어스는 여러 차례에 걸쳐 분화했다. 1631년에도 대규모의 화산 분화가 있었으며, 1906년에 분화했을 때에는 관측소까지 엄청난 화산재로 덮여버렸다. 18세기 이후 오늘날까지 많은 관광객들이 베수비어스 화산을 찾고 있다. 이들은 연기가 오르는 분화구를 보기 위해 산꼭대기까지 오르기도 하여, 1890년에서 1944년 사이에는 이 관광객들을 위해 화구까지 철도를 놓기도 했다. 베수비어스는 아프리카 판과 유라시아 판이 만나는 섭입대 위에 있는 화산으로 엄청난 생명력을 갖고 있었던 것이다.

현재 베수비어스 화산지대는 화산재가 만들어놓은 비옥한 토양 덕분에 최고 품질의 포도주를 생산하고 있다. 20cm 미만으로 쌓인 화산재가 땅을 기름지게 하는 온갖 영양분을 농부에게 전해주었기 때문이다. 그 덕에 지금은 2천 년 전에 비해 인구밀도도 훨씬 높다. 만약 또 베수비어스가 폭발하고 이번에도 이것을 예측하지 못한다면 이번엔 20만 명이 넘는 사람이 죽을지도 모른다.

1944년의 베수비어스

폼페이를 멸망시킨 후에도 이 화산은 50회 이상 폭발을 거듭하였다.

나는 타오른다, 에트나 화산

시칠리아 섬에 있는 에트나 화산은 그리스어로 '나는 타오른다'는 뜻을 갖고 있다. 그 이름에 걸맞게 에트나 화산은 세계에서 가장 활동적인 화산으로 한 세기마다 10번 이상 분출하고 있다고 한다. 유사 이래 크게 폭발한 것만 해도 200회가 넘는 이 왕성한 화산은 수많은 고대의 작가들에게 영감을 불어넣기도 했다.

가장 강력한 폭발 중 하나는 1169년에 일어났다. 당시 폭발로 산기슭에서 28km나 떨어진 항구 도시 카타니아에서만 1만 5천 명이 목숨을 잃었다. 그로부터 500년 후인 1669년에도 경이적인 대폭발이 있었다. 격렬한 분출이 시작되자 바위들이 공중을 날아다녔고 화산재가 비처럼 쏟아져내렸다. 게다가 분출이 산꼭대기가 아닌 옆구리 분화구에서 시작되는 바람에 피해가 더 컸다. 끔찍한 재난에 놀란 사람들은 카타니아의 유명한 순교자인 성 아가사의 유품에 의지하며 신에게 매달렸다.

용감한 젊은이 50여 명이 젖은 소가죽을 뒤집어쓰고 도시로

향해 흘러오는 용암류의 방향을 바꾸려고 뛰어들었다. 인위적으로 화산의 피해를 줄이려 했던 이 최초의 시도는 어느 정도 성공을 거두었지만 엉뚱하게 옆 마을로 용암이 흘러가는 바람에 큰 혼란이 벌어지기도 했다. 결국 화산은 섬에서 가장 큰 도시였던 카타니아를 뒤덮어버렸고 공식적으로는 2만에서 비공식적으로는 10만에 이르는 사람들이 목숨을 잃었다고 한다.

독가스를 뿜어댄 라카기가르 화산

아이슬란드는 전체가 화산 폭발로 만들어진 화산섬으로, 지진과 화산 분출은 이곳 사람들에게 새삼스러운 일이 아니다. 이곳에는 200개가 넘는 화산과 수천 개가 넘는 작은 분화구들이 있으며, 이들이 서로 번갈아 가면서 계속 으르렁거리고 있기 때문이다.

그러나 1783년에 있었던 재난은 그 어떤 것보다 끔찍한 것이었다. 섬의 남동부에 있는 라카기가르 균열 지대가 엄청난 힘으로 터져나와 용암으로 만들어진 불의 커튼이 하늘로 치솟았던 것이다.

약 50여 일 간 계속된 분출 기간 동안 이곳에서는 초당 약 5,000m³의 용암이 흘러나왔다. 이것은 라인 강 유출량의 두 배에 이르는 엄청난 양이었다. 강처럼 흐른 용암은 남서쪽으로 흘러내려 대서양에까지 이르렀다. 화산 분출이 모두 끝났을 때는 시카고만한 지역이 22.5m 높이의 용암에 파묻혀 있었다.

그러나 용암은 아주 천천히 흘렀기 때문에 많은 가옥을 무너뜨리기는 했지만 그 자

전체가 화산 폭발로 만들어진 화산섬 아이슬란드는 200개가 넘는 화산과 수천 개가 넘는 분화구들이 있다.

과학상식백과

평지가 산이 되어

1973년 아이슬란드 남해안 앞바다에 떠 있는 헤이마이에 섬 사람들은 마을에서 1.6km도 떨어지지 않은 평지가 갑자기 갈라지면서 불을 뿜는 것을 보고 기겁을 하지 않을 수 없었다. 곧 대부분의 섬 주민들이 본 섬으로 이주를 했고 300여 명이 마을을 지키기 위해 자원해 남았다. 그들은 용암이 항구를 덮쳐 봉쇄하는 것을 막기 위해 바닷물을 끌어들여 용암류의 흐름을 막는 필사적인 싸움을 계속했다. 2개월간 계속된 분출이 끝났을 때 다행이 용암은 항구의 목전에서 흐름을 멈추었지만 이미 수백 채의 건물이 불타고 검은 화산 쇄설물에 매몰된 후였다. 그러나 사람들은 절망하지 않고 섬을 복구하기 시작했다. 화산의 폭발로 그들은 잃기만 한 것이 아니었기 때문이다. 높이 224m의 새로운 산이 생겨났고, 화산재는 섬 공항의 활주로를 건설하는 훌륭한 자재가 되었으며, 용암 덕분에 섬의 면적까지 넓어졌고, 항구 가장자리까지 흐른 용암의 벽은 훌륭한 방파제 역할을 해주었다. 화산의 분출은 이처럼 파괴와 생성의 두 얼굴을 갖고 있었던 것이다.

헤이마이에 섬

체로 많은 사망자를 내지는 않았다. 실제 가장 큰 재앙으로 다가
온 것은 용암과 함께 솟아오른 유독가스였다. 사람에게 치명적인
아황산가스와 이산화탄소와 불소는 유독한 파란 안개를 형성하
였고, 이 공포의 파란 안개는 유럽으로까지 퍼져나갔다. 아이슬
란드의 나무와 농작물은 대부분 노랗게 말라 죽었고 목초지를
오염시킨 유독 물질 때문에 아이슬란드 경제의 핵심인 가축이
병들어 죽었다. 이곳 사람들의 주식이던 물고기도 거의 1년간 독
가스에 오염된 연안 바다에 나타나지 않았다. 사람들의 몸에도
부스럼과 종양이 나타났고, 잇몸이 부풀어올랐으며, 머리가 빠져
버렸다. 이 때문에 이곳 주민의 5분의 1 가량인 1만 명이 3년 내
에 죽어버렸다. 이 재난을 극복하는 데는 그후에도 아주 오랜 시
간이 걸려야 했다.

탐보라 화산

1815년 인도네시아 탐보라 화산의 폭발은 기원후 최대 규모의
폭발이라고 할 만하다. 화산 폭발로 3,900m 고지의 탐보라 산은
그 3분의 1이 날아가버렸고, 숨바와 섬과 주변 섬들에서 1만 명
의 사망자가 생겼으며, 연이어 일어난 기근과 악성 콜레라 같은
질병으로 9만 명에 가까운 인명이 목숨을 잃었다.

탐보라 화산에서 쏟아져나온 화산 쇄설물은 150km³, 무게로는 1,700억 톤에 해당하는 엄청난 양이었다. 260km²가 넘는 지역이 화산재로 뒤덮였고, 거듭되는 격렬한 폭발로 숨바와 섬으로부터 수백 킬로미터 떨어진 섬에까지 극심한 지진이 일어났으며, 주위의 자바 해가 물에 뜨는 가벼운 화산암인 경석으로 뒤덮여 그후 수년간 배들이 이 떠다니는 암석을 피해 다녀야 했다.

탐보라 화산 폭발은 3개월 만에 끝났지만 재앙은 끝난 것이 아니었다. 다음해 지구의 반 바퀴나 떨어진 곳에서는 농민들이 기억할 수 있는 가장 춥고 혹독한 여름이 닥쳐 농작물을 여물지 못하게 만들었고, 무시무시한 기근과 전염병이 사람들을 괴롭혔다. 나폴레옹 전쟁 때문에 이미 식량 부족으로 고통받고 있던 프랑스는 서늘한 여름 기온 때문에 작물 수확이 너무 보잘것없어서 굶주린 시민들의 폭동이 이어졌고, 심지어 애완동물까지 잡아먹어 씨가 마를 지경이었다. 스위스 제네바와 미국 코네티컷 주도 지금까지 깨지지 않는 최저 기온의 기록으로 고통받아야 했다.

여름이 없는 해가 왜 나타났는지 누구도 아는 사람은 없었다. 아무도 그것이 탐보라 화산의 폭발 때문이라고는 생각하지 못했다. 벤저민 프랭클린만이 화산 분화와 날씨가 연관이 있을지도 모른다는 탁견을 한 세기 전에 내놓았을 뿐이다. 나중에 밝혀진 바에 의하면 그것은 하늘 높이 치솟아 성층권까지 도달한 탐보라 화산의 미세한 먼지와 관련이 있었다. 화산재는 무게 때문에 곧 지상으로 떨어지지만 성층권에 도달한 먼지는 넓은 지역으로 퍼져 지구로 입사되는 햇빛을 반사시켜버리기 때문이다. 날씨와 화산 분출의 연관은 지금도 열심히 연구되고 있는 분야이다.

섬을 날려버린 크라카타우 화산

화산 폭발로 섬이 새로 생기기도 하지만 있었던 섬이 사라져버리는 수도 있다. 1883년 자바 서쪽에 있는 크라카타우(krakatau) 화산의 폭발이 바로 그러했다. 일명 크라카토아라고도 불리는 이

화산섬은 유럽과 동양을 잇는 주요
해상 무역로로, 자바와 수마트라
사이의 순다 해협로에 있는 사람이
살지 않는 화산섬 군도였다. 최고 높
이가 1,000m가 채 안 되는 자그마한 이
화산섬은 200년 가까이 전혀 화산 폭발이 일어
나지 않았다. 그러던 것이 1883년 5월 섬의 북
쪽 끝에 있는 자그마한 분화구에서 화산재
를 분출하는 작은 폭발이 시작된 것이다.

시작은 대수롭지 않게 보였다. 그러나 3
개월 만에 상황은 급변하여 천둥 같은 굉음이
바다 건너 4,800km나 떨어진 오스트레일리아
대륙에까지 울렸고 검은 화산재 구름이 80km
상공까지 솟구쳤다. 이 폭발은 엄청
난 파도를 만들어 30m 이상 치
솟은 거대한 파도가 해안가 마
을을 덮쳐 자그마치 3만 6,000
명 이상이 익사했다.

계속되던 폭발도 시간이 지나자
사그러들기 시작했다. 순다 해협은 떠다니는 화산 쇄설물로 메워
졌고 해발 450m에 달하던 다낭(Danan) 섬은 사라지고 없었다.
주 섬도 가로 5km, 세로 8km에 달하는 부분이 사라져버렸고,
800m 높이의 만곡 절벽이 남쪽 정상으로부터 해수면까지 잘려
버렸다. 섬의 없어진 부분이 폭발 때문에 모두 화산 쇄설물과 재
로 흩어져버린 것이 아니었다. 화산 아래 마그마 저장소가 텅 비
면서 상부가 붕괴하여 내려앉았던 것이다. 바다 밑에 거대한 칼
데라가 생겨난 셈이었다. 수많은 사람들을 쓸어버린 엄청난 해일
이 단순히 화산 폭발 때문이 아니라 이 붕괴 때문에 촉발됐다는
사실이 나중에 밝혀졌다.

화산 폭발로 사라진 섬의 부피는 6km^{3}였고 화산 쇄설물은 수

크라카타우 화산 상상도

1883년 이 화산 폭발로
450m의 다낭 섬이
사라졌고, 약 4만 명이
익사했다.

천 킬로미터에 걸쳐 덮였다. 남아 있는 크라카타우 섬에는 수백 미터에 달하는 쇄설 퇴적물이 쌓였다. 쏟아져나온 용암의 양이 자그마치 18km³가 넘었는데, 이것은 1년 동안 지구 전체의 해저 화산에서 뿜어내는 것보다 많은 양이었다.

충격파는 세계 도처의 기압계에 기록되었다. 성층권까지 상승한 화산 먼지는 순식간에 지구를 에워싸 전세계에 천연색의 일출과 일몰을 만들었고 세계의 평균 기온을 떨어뜨렸다.

그리고 44년간 크라카타우는 비교적 조용했다. 그러다 1927년 바다 밑으로 사라진 칼데라 북쪽 가장자리에서 소규모의 폭발성 분출이 일어났고 작은 분화구 섬이 생겨났다. 크라카타우의 아이라는 뜻을 가진 '아낙 크라카타우' 라는 이 작은 섬은 지금도 계속 성장하고 있다.

화산학자들은 크라카타우가 앞으로 수천 년간은 안전할 것이라고 말한다. 대부분의 폭발성 마그마는 지난 1883년에 거의 모두 방출되었으며 그 정도의 양이 다시 만들어지는 데는 오랜 시간이 걸리기 때문이다. 그 주위에 사는 사람들에게는 다행스런 일이 아닐 수 없다.

프레 화산

1902년 서인도에 있는 프레 화산의 폭발은 20세기에 일어난 최악의 재난 중 하나였다. 프랑스의 카리브 해 연안에 있는 마르티니크 섬에 있는 프레 화산이 만들어낸 엄청난 열운이 그 재난의 원흉이었다. 이 뜨거운 가스 구름과 화산재는 항구 도시 생피에르를 파괴했고 순식간에 2만 8천 명에 달하는 거주민을 몰살시켜버렸다.

그러나 그리스도 승천일을 축하하는 생피에르 주민들은 아무도 이 비극의 사태를 예견하지 못했다. 200년 이상 프레 화산의 턱밑에서 살아왔지만 한 번도 화산으로 인한 재해가 없었기 때문이다. 이곳은 서인도제도의 파리로 불릴 만큼 아름다운 곳이었으며 사람들도 밝고 희망에 차 있었다. 이곳에서 나고 자란 백인족 크레오르와 혼혈종이 섞여 살고 있는 생피에르는 가장 활기 있는 도시로 알려졌다.

그렇다고 화산 분출에 대한 징조가 전혀 없었던 것은 아니었다. 수개월 전부터 유황 냄새가 올라오고 소량의 화산재가 시내로 떨어져내렸으며 미약한 지진이 반복되었던 것이다. 그러나 정부 당국은 아무런 관심을 보이지 않았고 사람들도 별로 불안해

하지 않았다.

산꼭대기 바로 밑에 레탕 섹크라는 분화구가 있었는데, 그 3면
은 높은 낭떠러지로 둘려 있지만 나머지 한 면은 거대한 V자 협
곡이었다. 이 협곡 아래로 6.4km 떨어진 곳에 생피에르 시가 자
리잡고 있었다. 화산 분출이 시작되자 이 천연의 길을 따라 산사

태처럼 쏟아져내리는 열운이 항구에 정박시켜 놓은 배까지 태워버리는 데는 불과 몇 분밖에 걸리지 않았다. 이 불타는 먼지구름은 시속 160km로 치달려 내려와 가장 큰 빌딩의 두꺼운 벽도 단숨에 가루로 만들어버렸다.

도시만 파괴된 것이 아니었다. 항구에 정박해 있던 배들도 해면으로 불어닥친 열운에 의해 뒤집히고 불타버렸다. 최초의 폭발 후 물과 화산재가 뒤섞인 비가 떨어졌는데, 마치 펄펄 끓는 묽은 시멘트 죽 같은 이것이 사람들 몸으로 떨어져 달라붙었다. 배에 있던 모든 사람들은 심지어 목구멍 속에까지 화상을 입었고 결국 대부분의 사람이 목숨을 잃었다.

이 비극적인 현장에서 살아남은 생존자는 단 두 명뿐이라고 한다. 그중 한 명은 레옹 콤페르 레안드르라는 젊은 제화공이었고 다른 한 사람은 오귀스트 시파리라는 죄수였다. 두 사람은 젊고 건강한 몸과 기적 같은 운에 힘입어 그 지옥 같은 불구덩이에서 살아남을 수 있었다. 특히 도망갈 길 없이 감방에 갇혀 있었던 시파리의 생존은 많은 사람들의 관심을 끌었다. 마침 감방이 프레 화산의 폭발과 반대 방향으로 세워져 있었고 그가 두꺼운 벽으로 둘러싸인 지하 감옥에 갇혀 있었던 것이 천만다행이었다. 그의 자유를 구속했던 두꺼운 감방 벽이 오히려 그를 불타는 화쇄 폭풍에서 지켜주었던 것이다.

후에 오귀스트 시파리는 사면되어 곡예단을 따라 전세계를 떠돌아다녔다. 그는 관객들에게 프레 화산 폭발의 체험담을 들려주고 그때 입은 상처를 보여주며 서커스의 여흥 탤런트로서 남은 생을 살았다고 한다.

20세기에 들어 분출한 프레 화산의 폭발은 많은 사람들에게 화산에 대한 공포와 두려움을 남겼으며, 이로 인해 화산학은 하나의 독립적인 학문으로 자세히 연구되기 시작했다. 특히 용암에 의해서가 아니라 불타는 화산재 구름이 눈사태처럼 밀려내려와 도시를 파괴한 것을 보고 지질학자들은 놀라지 않을 수 없었다. 당시에는 화산재가 보통 하늘로 솟아오른다고 생각하였기 때문에 땅 위로 내달려 흐르는 이 불타는 구름에는 이름조차 없었다. 하물며 그 위력이야 거의 알려지지 않았던 것이다.

후에 알프레드 라크로와에 의해 이 구름에 열운이란 이름이 붙었고 철근 콘크리트마저 엿가락처럼 휘어버리는 위력에 대해서도 연구가 계속되었다. 위로 솟구치지 못하고 산을 휘감으며 흘러내린 이 열운은 분화구의 입구가 큰 바위로 막혀 옆으로 측면 분출하면서 발생했다는 사실도 밝혀지게 되었다.

미국의 암석학자인 토머스 재거는 이 비극의 현장에 가장 먼저 도착한 과학자 중 한 사람이었다. 그는 이곳의 처참한 광경을 목격하고 평생을 화산학에 바치겠다고 결심하여 하와이 킬라우에아 화산 옆에 세계 최고의 관측소를 세웠다.

섬의 탄생, 서체이

아이슬란드는 대서양을 가로지르는 중앙해령에 자리잡고 있는 섬

과학상식백과

개미와 지네 떼의 출몰

프레 화산이 폭발하기 직전에 사람들을 먼저 놀라게 했던 것은 갑자기 나타난 수천 마리의 개미와 지네 떼였다. 이들은 화산 폭발을 피해 프레 산에서 몰려 내려온 도망자들이었는데, 마을로 내려와서는 사람들을 그냥 내버려두지 않았다. 지네가 독을 뿜고 개미가 물어대며 닥치는 대로 사람들의 몸 위로 기어오르자 생피에르의 시민들은 살기 위해 사탕수수 도리깨와 뜨거운 물로 이들에 대항했다. 잠시 후에는 더 끔찍한 한 무리가 나타났다. 독사를 포함한 뱀의 무리였다. 군인들이 동원되어 사냥이 시작되었지만 순식간에 수십 명의 사람과 가축이 독사에 물려 죽고 말았다. 그리고 머지않아 불타는 화산재 구름이 몰아닥쳤으니 지옥의 형상이 바로 생피에르 시에서 벌어진 셈이다.

이다. 북쪽 해안이 북극권에 접해 있는 이 거대한 섬은 화산 폭발로 만들어졌으며 지금도 거의 5년마다 분출이 일어나고 있다.

1969년 11월 14일, 이 아이슬란드 섬 남쪽 바다에서 검은 연기가 솟구치기 시작했다. 그곳은 섬이 없는 바다 한가운데였기 때문에 사람들은 배가 불타는 것이라고 생각했다. 그러나 그것은 화산 분출의 신호였다.

시간이 흐르자 화산재와 화산 증기의 구름이 고도 3,500m까지 치솟았다. 시커먼 화성 쇄설물이 쉬지 않고 계속 방출되더니 그날 밤 서체이 섬이 새로 탄생했다.

분출을 예고하는 징조가 전혀 없었던 것은 아니었다. 분출 이틀 전에 해양 탐사선이 분출 지역에서 가까운 곳의 해수 온도가 7~9도 상승했음을 발견했으며, 서체이에서 한참 떨어진 해변 마을에서 사람들이 황화수소(H_2S)의 달걀 썩는 냄새를 맡았던 것이다.

서체이 섬의 탄생은 해수면 130m 아래에서 시작되었다. 그러나 바다 밑에서의 분출은 바다의 압력과 냉기에 억제되어 소리 없이 이루어졌고 며칠 또는 몇 주일에 걸쳐 해수면을 향해 화산을 키워왔던 것이다.

해수면 바로 아래에 이르자 마침내 화산은 폭발적으로 분출하기 시작했고 순식간에 섬으로 성장했다. 일주일도 채 되지 않아 섬은 길이 550m, 높이 45m가 넘는 크기로 자랐고 열흘 뒤에는 거의 두 배로 성장했다.

그러나 섬을 구성하는 물질은 폭발적 분출로 내던져진 푸석한 검은 화산 쇄설물의 파편들이어서 북대서양의 강한 겨울 폭풍에

화산의 가장 큰 재앙인 화쇄류에 '열운'이란 이름을 붙여주었다.

쉽게 떠내려갈 지경이었다. 다행히 쏟아져나오는 양이 파도에 유실되는 양보다 많았기 때문에 섬은 형태를 유지할 수 있었다.

폭발이 시작되고 약 석 달 동안은 푸석한 화산 쇄설물 더미 사이로 바닷물이 스며들어 화산의 분출구가 여전히 얕은 바다 밑에 있는 형상이었다. 그 때문에 위력적인 증기 폭발이 계속되었다. 이 폭발은 검은 암석 파편들의 덩어리를 밀어내어 대포알 같은 용암 반죽 파편들인 화산탄을 발사했다. 재와 증기로 이루어진 구름은 바람이 없는 날엔 10km 높이의 기둥을 형성하며 하늘로 치솟았다.

섬이 성장함에 따라 화산의 분출구는 바닷물로부터 차단되었고 화산 쇄설물의 폭발 대신 죽처럼 흐르는 용암류의 활동이 우세해졌다. 섬의 낮은 사면은 마치 철근 위에 시멘트 콘크리트 반죽을 부어 굳힌 것처럼 용암에 덮여 굳어진 견고한 암석의 보호를 받게 되었다. 용암의 분출은 1년 이상 계속되었고, 서체이의 면적은 2.5km^{2}가 증가하여 완전한 섬으로 자리를 굳혔다. 1967년 6월경 분출이 완전히 끝났는데 3년 반 동안 분출된 화산재와 용암이 1km³가 넘었다.

이 황량한 새 섬에는 곧 생명이 자리를 잡았으며 생태계의 발전이 계속되고 있다. 바다에서 육지로, 생명의 정착으로 이어지는 서체이의 역사는 지구의 역사를 축약해서 보여주는 멋진 연구의 장이 될 것이다.

준비된 재앙, 세인트헬렌스 화산의 대폭발

1980년 미국 서부에 있는 세인트헬렌스 화산의 폭발은 금세기 최대의 폭발 중 하나이면서 화산학자들이 미리 예측하여 피해를 최소화하고 화산학 사상 최초로 지각 대변동의 모든 단계를 관찰한 고마운 사건이기도 했다.

세인트헬렌스 화산은 전형적으로 섭입대에서 발달한 화산이다. 폭발형 분출 형태를 보여준 이 화산은 특히 약해진 산허리 부분에서 측면으로 용암과 화산 쇄설물이 분출하여 피해 지역이 더 확장되었으며, 예의 그 무시무시한 열운이 산 경사면을 따라 1분 30초 동안 진행되었다고 한다. 그러나 이 짧은 열운의 흐름으로 600km에 달하는 지역이 완전히 파괴되고 높이가 30m가 넘

서체이 섬

해저 화산으로 형성된 이 섬에는 지금 생태계의 발전이 계속되고 있다.

세인트헬렌스의 폭발

전형적으로 섭입대에 발달한 이 화산은 폭발형 분출 형태를 보여준다.

는 수백만 그루의 소나무가 뿌리째 뽑혀 내던져졌다. 거대한 폭발음은 북쪽으로 320km나 떨어진 캐나다의 밴쿠버까지 들렸다고 한다.

이곳은 폭발이 있기 전에는 눈 덮인 산봉우리와 숲과 호수가 어우러진 고요하고 평화스러우며 경치 좋은 관광지였다. 그러나 오전 8시경에 시작한 화산 분출이 저녁 무렵에 멈추었을 때에는 세인트헬렌스 화산의 정상 부분이 자그마치 430m나 사라지고 없었다. 산은 흉물스런 모습으로 폐허가 되어 있었던 것이다. 산의 정상이 있던 자리에는 폭이 1.6km가 넘는 분화구가 만들어져 있었다. 세인트헬렌스 화산 폭발의 위력은 히로시마에 떨어졌던 원자탄의 500배를 능가하는 것이었다.

10억 달러가 넘는 경제적 손실에 수백만 헥타르의 숲이 파괴되고 250여 채의 가옥과 일곱 개의 큰 다리, 300km에 달하는 도로와 20km에 달하는 철도가 유실되었으나 사상자는 겨우 57명이었다. 사전에 미리 예측하고 주민들을 설득하여 대피시킨 화산학자들과 미국 정부의 노력의 결실이었다.

반면 1985년 콜롬비아 네바도 델 루이스 화산 폭발은 2만 2천 명의 인명을 앗아간 엄청난 비극을 초래했다. 화산이 폭발하면서 정상의 빙하를 녹여 엄청난 진흙 사태를 유발함으로써 피해를 극대화시킨 사건이었다.

과학자들은 분출을 예측하고 있었으나 위험이 임박했음을 당국과 주민들에게 설득시키지 못했던 것이다. 화산학의 역할이 위험을 알아내는 것으로 끝나는 것이 아님을 알려준 사건이었다.

피나투보, 지구의 기온을 바꿀지도 모른다

1991년 6월 15일, 필리핀 루손 섬의 피나투보 화산이 대폭발을
시작했다. 장장 600년 이상이나 조용했던 피나투보는 폭발에 의
해 산꼭대기 부분이 날아가버리고 지름이 4km나 되는 분화구가
생겼다. 대략 5km³에 해당하는 엄청난 양의 화산 분출물이 쏟아
져나왔고, 산을 중심으로 반지름 20km 안이 완전히 두꺼운 재로
쌓여버렸다. 불타는 화산 쇄설물은 홍수처럼 범람하여 산을 타고
10km 이상 흘러나갔다. 이것은 운젠 화산 폭발의 약 천 배 혹은
만 배에 해당하는 분출이었다.

　피나투보 산에서 동쪽으로 약 16km 떨어진 미국 클라크 공군

세인트헬렌스의 변화

세계에서 최고의
아름다움을 자랑했던
산의 경관(위)이
화산의 폭발로 회색
황야로 변해버렸다(아래).

기지는 이 대폭발로 날아온 엄청난 화산재 때문에 기지로서의 기능이 마비되어 결국 문을 닫고 말았다. 화산에서 약 40km 떨어진 남쪽의 오롱가보 시에서도 건물이 다 파괴되고 희생자가 생겨났다. 다행히 반경 24km 내에 있는 사람들을 모두 대피시켜 20만의 인구가 몸을 피한 상태였지만 그럼에도 900여 명의 사망자가 생겼고, 400km²에 걸쳐 농작물이 피해를 입었다. 깊이 200m에 가까운 골짜기가 용암으로 채워졌으며, 화산이 폭발하고 며칠이 지나도록 100km나 떨어진 곳에서도 낮에 헤드라이트를 켜고 달려야 했다.

화산재를 포함한 불기둥은 자그마치 30km 상공까지 솟구쳐 성층권으로 퍼져나갔다. 이산화황을 머금은 화산재와 먼지가 대기를 따라 퍼져나가 약 보름 후에는 아프리카에서 아메리카 대륙에 걸친 북위 20°에서 남위 15° 사이를 가득 채웠다. 분연은 한 달도 되지 않아 지구를 한 바퀴 돌아 다시 필리핀에 도달해 있었다.

화산 폭발로 솟구치는 먼지기둥이 성층권에 도달하지 못했을 경우에는 대부분의 화산재가 일주일 정도면 모두 땅에 떨어지기 때문에 광범위한 지역에 영향을 주지 않는다. 그러나 성층권에

기적 같은 생존

세인트헬렌스 화산이 폭발했을 때 그곳에는 지질학자인 마이크와 루무어 부부가 네 살과 3개월이 된 두 아이와 함께 야영을 하고 있었다. 폭발 지역 북쪽 측면으로부터 고작 21km 떨어진 곳이었다. 화산에 매료되어 있던 무어 부부는 조심스럽게 당국이 설정한 위험 지역에서 상당히 떨어진 곳에 야영지를 선택했다고 한다. 폭발 당시 야

도달한 화산재 중에서 이산화황은 태양 자외선의 영향으로 서서히 황산의 물방울이 되어 수년간 대기 중에서 태양빛을 반사하거나 흡수할 수 있다. 이러한 변화는 하층 대기의 일사량에 영향을 주게 되고 지구의 기온을 떨어뜨리기도 한다. 실제로 일본 오키나와 지방에서 측정한 일사량은 평균보다 약 10% 정도 감소

피나투보 화산

1991년 대폭발을 시작한 이 화산은 화산재를 포함한 불기둥이 30km 상공까지 솟구쳐 성층권으로 퍼져나갔다.

영지가 화산으로부터 3개의 산마루로 가로막혀 있었던 덕에 이들 일가족은 부상도 없이 살아남을 수 있었다.

아침 일찍 땅울림 소리에 밖으로 나온 이들 가족은 그들을 향해 파도처럼 밀려오는 거대한 화산재 구름을 경탄의 눈으로 바라보며 사진까지 찍었다고 하니 대단한 강심장이 아닐 수 없다. 그 다음에는 두 아이를 데리고 뒤도 돌아보지 않고 근처 오두막으로 뛰어들었다고 한다. 그곳에서 모포로 몸을 감싸고 물에 젖은 양말로 코와 입을 막은 일가는 두렵기는 했지만 공포에 떨 정도는 아니었다고 회상했다. 엄청난 크기의 시멘트 믹서기에 들어와 있는 것 같은 속에서 하루를 보낸 이들 일가는 다음날 헬리콥터에 의해 구조되었다. 참으로 기적 같은 생존이 아닐 수 없다.

하였는데, 이 같은 결과로 앞으로 2~3년간 지구 전체의 평균 기온이 0.5도 정도 떨어질 것으로 생각된다.

불의 섬 하와이

여덟 개의 큰 섬과 그 외의 작은 화산섬들로 구성되어 있는 하와이 제도는 중부 태평양 서북쪽에서 동남쪽으로 약 800km에 걸쳐 펼쳐져 있는 화산 열도이다. 니하우 섬, 카우아이 섬, 오아후 섬, 몰로카이 섬, 라나이 섬, 카호올라웨 섬, 마우이 섬, 하와이 섬 등 이 여덟 개의 섬들은 해저 5,500m의 깊은 바닷속에서부터 화산 분출이 수도 없이 계속되어 성장해온 화산의 첨탑들이다.

이중에서 가장 큰 섬은 말 그대로 큰 섬(Big Island)이라고도 불리는 하와이 섬이다. 제주도의 다섯 배가 넘는 하와이 섬은 아이슬란드에 이어 세계에서 두 번째로 큰 화산섬이며, 총면적이 1만 438km^{2}로 하와이 제도의 다른 일곱 개 섬을 합친 것보다도 넓다고 한다.

화산은 어떻게 수천 킬로미터 이상을 용암으로 쌓아 이렇게 거대한 섬을 바다 한가운데에 만들어놓았을까? 아마도 아주 오랜 시간이 걸렸을 것이고 엄청난 양의 용암이 필요했을 것이다. 일단 섬이 해수면 위로 떠오른 후에는 분출구에서 흘러나온 유동

하와이 위성사진

여러 개의 화산섬으로 구성되어 있는 하와이 제도 중에서 가장 큰 섬은 하와이 섬으로, 세계에서 두 번째로 큰 화산섬이다.

성 강한 용암이 해안선까지 퍼져나가 더욱더 거대한 용암대지를 만들었을 것이다. 대지를 흘러내린 용암은 바다와 만나면서 식어 단단히 굳어지게 마련이다. 이렇게 효율적인 간척 사업은 결코 흔하지 않다. 이런 과정을 거치면서 하와이 섬은 점차 넓어진 것이다.

 거의 삼각형 모양인 하와이 섬 위에는 킬라우에아, 마우나로아, 마우나케아, 후알라라이, 코할라 등 다섯 개의 화산이 있다. 이 화산들은 서북쪽에서 동남쪽으로 차례로 늘어서 있는데 그 활발한 정도가 동남쪽으로 갈수록 더 크다고 한다. 하와이 제도 전체에서 나타나는 특징이 하나의 하와이 섬 위에서도 재현되고 있는 것이다.

킬라우에아 화산

킬라우에아 화산은 이중에서 가장 활발한 화산으로서 세계적으로도 가장 활동적인 화산 중 하나이다. 마우나로아 화산의 중턱에 있는 킬라우에아 정상에는 지름 4.8km의 거대한 칼데라가 있으며, 그 중앙에는 지름이 약 1km 정도인 할레마우마우 화구가 있다. 이 화구가 화산의 여신인 펠레가 거처하는 곳이라고 한다. 이 분화구와 세 갈래로 길게 난 땅의 균열(rift zone)을 따라 거의 매년 분출이 일어난다.

　이 화산은 가끔씩 수백 미터 높이의 용암 불기둥을 토해내기도 하지만 폭발형 분출을 보여주는 화산에 비하면 점잖고 조용한 편이다. 이곳의 용암은 1,000~1,200도의 고온이며 유동성이 아주 큰 편인데, 큰 소리 없이 흘러내리는 용암 때문에 킬라우에아 화산 정상부는 거의 평지를 이루고 있으며 부근 지대도 전반적으로 완만한 구릉을 형성하고 있다.

　화산의 칼데라 가까이에는 하와이 화산 관측소가 있어 1912년 이래로 킬라우에아의 화산 활동을 세밀하게 관찰·연구하고 있다. 세계에서 가장 활발한 화산을 관측하기에 둘도 없이 좋은 장소이다. 이곳에서의 연구 과정은 화산 폭발의 메커니즘을 밝혀내는 데 중요한 자료를 제공한다. 뿐만 아니라 화산을 한눈에 보여주는 최고의 자연 학습장으로서, 관련 영화도 보고 자세한 설명도 들을 수 있다. 피서로 하와이를 찾는 사람들은 와이키키 해변이나 다닐 것이 아니라 아이들과 함께 꼭 이곳을 찾아가보길

킬라우에아 균열대

길게 발달한 균열대를 따라 흘러나오는 엄청난 양의 용암은 섬의 면적을 계속 키우고 있다. 오른쪽 사진은 위성에서 본 킬라우에아 균열대.

바란다.

1959년에 있었던 분출은 수많은 미진과 킬라우에아 정상부가 부풀어오르는 현상을 통해 예견됨에 따라 환상적인 불의 커튼과 불의 분수를 동반한 분출이 자세히 연구될 수 있었다. 중간 중간의 휴지기를 거쳐 계속 분출된 용암은 저지대를 따라 강처럼 흘러 해안가의 마을을 덮쳤다. 워낙 용암의 이동 속도가 느렸기 때

문에 생명을 잃은 사람은 하나도 없었다.

용암은 계속 전진하여 마침내 바다와 만났다. 이 천연의 간척 사업가는 이때의 화산 분출로 하와이의 동쪽 해안에 2km²에 해당하는 새 영토를 만들어놓았다. 그 이후 1987년부터 약 2년간 새로 만들어놓은 영토는 100에이커가 넘었다. 하와이는 지도를 몇 년에 한 번씩 고쳐 그려야 할 판이다.

그리고 그 활동은 지금도 계속되고 있어 운이 좋은 사람들은 시뻘건 용암이 강처럼 흐르는 광경을 직접 목격할 수 있다. 이미 식어버린 용암이라고 해도 고속도로를 덮어버린 용암 위로 도로 표지판의 꼭대기만 나와 있는 광경은 진풍경임에 틀림없다. 하와이에서는 화산 분출조차도 멋진 관광 상품이 되는 것이다. 실제로 하와이에 있는 모든 화산은 국립 공원으로 지정되어 관리되고 있다.

마우나로아 화산

킬라우에아와 쌍벽을 이루는 화산은 바로 옆에 있는 마우나로아 화산이다. 하와이 말로 '긴 섬'이라는 이름답게 마우나로아는 세계 최대 규모를 자랑하는 거대한 화산체이다. 오랜 기간 무수한 분화로 흘러내린 용암이 쌓이고 쌓여 엄청난 크기의 순상 화산을 만든 것이다. 마우나로아는 최근 100여 년 동안 50회 이상 분화했는데 1950년에는 20km에 걸쳐 땅이 갈라지면서 장대한 불의 커튼을 연출하기도 했다. 평균 3년에 한 번 꼴로 분화하고 있으며 한 번 분화할 때마다 3m가 넘는 두께의 용암을 쏟아붓는다. 오랜 기간 있었던 무수한 분화로 마우나로아 화산 주변에 쌓인 용암은 무려 4만 1,700km^{2}나 된다.

마우나케아 화산

하와이 제도 중에서 최고봉을 자랑하는 마우나케아(4,205m)는 해저 밑바닥에서 시작한 부분까지 합하면 높이가 무려 9,150m나 된다. 지상에서 가장 높은 산 에베레스트보다도 302m나 높은 것이다. 마우나케아는 하와이 말로 '흰 산'이라는 뜻인데 실제로 겨울이면 정상 부분에 눈이 쌓인다. 이 눈을 이용해 스키도 즐길 수 있다고 하니 색다른 남국의 정취가 아닐 수 없다. 그러나 마우나케아는 죽은 화산이나 다름없는 상태이다. 섬의 서북부를 차지하는 후알라라이와 코할라 화산도 완전한 사화산이다.

새로 태어나는 하와이 섬

태평양 한가운데에서 화산으로 섬들이 생겨나고 현재도 하와이 섬에 세계적으로 활동이 왕성한 화산이 있는 이유는 무엇일까? 불의 고리와 아무 상관이 없는 이 화산들은 분명 섭입대에서 생기는 화산이 아니다. 그렇다고 중앙해령에서 만들어진 화산도 아니다. 그렇다면 왜 이 바다 한가운데에 화산이 작렬하고 있는 것일까? 그것은 하와이 제도가 바로 열점 화산이기 때문이다.

하와이 제도는 여러 개의 섬이 일렬로 늘어서 군도를 형성하고 있다. 마치 서북쪽 방향으로 일렬로 줄을 서듯 가지런히 늘어서 있다. 그런데 이 섬들은 북서쪽으로 갈수록 나이가 많다. 북서쪽 끝에 위치한 니하우 섬은 지금으로부터 약 500만 년 전에 만들

마우나로아 불의 커튼

환상적인 불의 커튼.

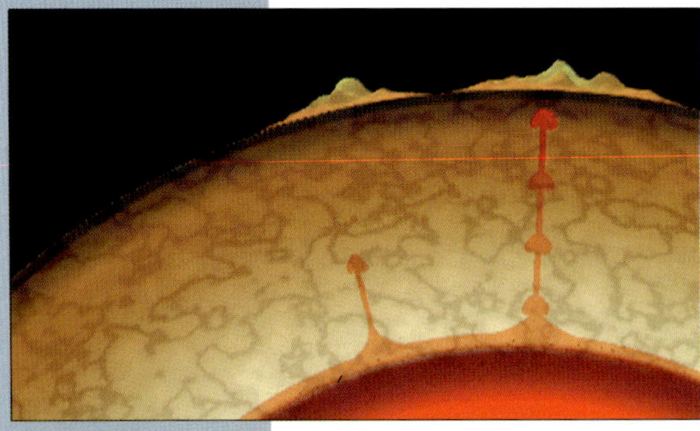

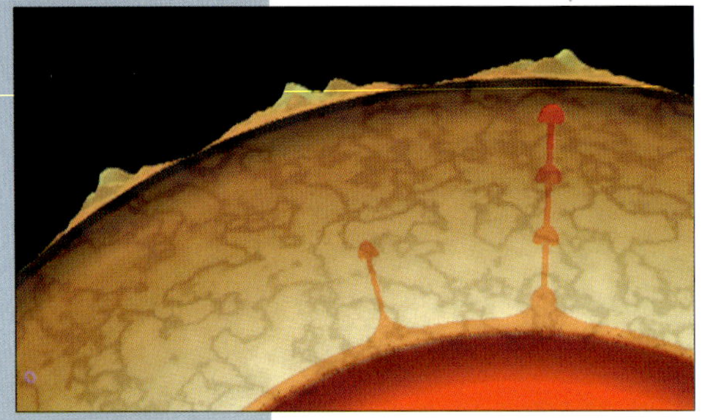

하와이 열점 단면도

열점의 위치는 변하지 않고 지각은 계속 이동하기 때문에 계속해서 새로운 섬이 만들어지고 있다.

하와이 현재의 열점

하와이 제도의 아홉 번째 섬 로이히를 만들고 있는 현재의 열점.

어진 것이다. 오래된 섬일수록 바닷바람과 파도에 깎여 섬의 높이도 더 낮다. 거꾸로 말하면 남동쪽으로 갈수록 섬의 나이는 어려진다. 남동쪽 제일 끝에 있는 섬이 가장 나중에 생긴 섬으로, 하와이 섬은 50만 년 전에 만들어지기 시작한 것이다.

하와이 열도가 이렇게 독특한 연령 구조를 갖고 있는 것은 하와이를 포함한 지판이 북쪽으로 매년 10cm씩 이동하고 있기 때문이다. 그러나 열점 화산의 근원이 되는 플룸은 연약권 아래 맨틀 심부에서 형성되며 상승하기 때문에 거의 이동하지 않는다. 열점은 거의 수백만 년간 같은 자리에 머물러 있는데, 이미 생성된 화산섬은 열점 위에서 성장하며 천천히 움직이는 지판과 함께 이동해버리고 같은 열점 위로 새로운 화산이 생겨나게 되는 것이다. 실제로 하와이 제도는 아홉 번째 섬의 탄생을 기다리고 있다. 해저 화산인 로이히가

바로 그것인데, 킬라우에아 화산과 같은 용암대에 묶인 것으로 여겨지는 이 화산은 곧 수면 위로 올라와 섬의 위치를 차지하게 될 것이라고 한다.

어서 오세요, '화산의 집' 호텔로

아주 오랜 기간에 걸쳐 화산이 폭발하여 육지를 만드는 지구 활동의 긴 파노라마를 마치 고속 촬영으로 한꺼번에 보여주는 것과 같은 곳이 킬라우에아이다. 워낙 화산 활동이 활발하다 보니 보통 화산에서는 수백, 수천 년에 걸쳐 일어날 변화가 이곳에서는 수십 년도 안 걸리는 것이다.

이 멋진 광경을 보기 위해 모험가와 관광객들이 몰려들었고 이들을 위해 1866년에 화산 호텔(Volcano House Hotel)이 세워졌다. 창 밖으로 시뻘건 용암이 흐르는 것을 볼 수 있는 호텔은 결코 흔하지 않을 것이다.

이 호텔의 최초 숙박객은 《톰소여의 모험》을 쓴 마크 트웨인이었다. 그는 이곳에 머물면서 많은 관찰 기록을 남겨 킬라우에아 화산의 19세기 후반부 연대표를 만드는 데 큰 도움을 주었다고 한다.

제4장
화산을 사랑한 사람들

인간은 지상에 존재하던 순간부터
화산을 두려워하고 숭배해왔다.
수많은 사람들이 화산을 잠재우기 위해
제물로 바쳐졌고, 신화와
전설이 줄을 이었다.
지금도 수많은 화산학자들이 화산에
매료되어 그 신비를 캐내다 목숨을 잃는다.

화산에 얽힌 신화와 전설

화산의 장엄함과 공포 때문에 세계의 화산에는 거의 예외없이 신화와 전설이 깃들어 있다. 특히 고대인들에게 화산은 신의 영역이고 화산의 분출은 신의 분노였다. 그렇게 생겨난 많은 전설들이 지금까지 전해오고 있다.

미국 오리건 인디언들은 불의 신이 화산을 다스린다고 믿는다. 이들은 포악한 불의 신과 선한 눈의 신이 싸웠는데 불의 신이 져서 머리가 잘렸으며 화산 꼭대기에 있는 분화구가 그 흔적이라고 말한다. 와이오밍의 인디언은 화산이 큰 곰에게 쫓기고 있는 일곱 소녀를 구하기 위해 땅에서 솟아오른 것이며 용암이 흐른 수직의 흔적은 곰의 발톱 자국이라고 생각한다.

니카라과 인디오들은 마사야 용암호에 여신이 살고 있다고 믿으며 이 여신의 노여움 때문에 화산이 폭발한다고 믿었다. 그들은 여신의 화를 풀기 위해 젊은 처녀나 어린아이를 제물로 바쳤다.

화산에 대한 신앙은 기독교가 전파되던 시절에 재미난 일화를 많이 만들었다. 아이슬란드의 바이킹들이 기독교로 개종된 사연에는 싱벨리르의 화산이 큰 역할을 했다. 당시 바이킹들은 기독교를 채택할 것이냐, 계속 민족신을 믿을 것이냐로 논쟁을 벌이고 있었다고 한다. 이때 화산에서 용암이 솟구치자 기독교를 배척하던 사람들은 기뻐하며 민족신이 기독교도들 때문에 화가 났다고 주장했다. 그러자 기독교를 지

하와이 사람들은 화산의 여신 펠레가 산을 세우고 암석을 녹이면서 새로운 섬을 만든다고 믿는다.

지하던 한 사람이 주변에 있는 오래된 용암
들을 가리키며 그럼 저 용암이 흘러
나왔을 때 민족신은 누구 때
문에 화가 났었느냐고 되
물었다. 결국 바이킹들은
기독교로 개종하지 않을 수
없었다고 한다.

　인도네시아의 화산도 대부분 성지
이고, 일본도 화산마다 예외없이 신사가 있지만, 화산 숭배를 이
야기할 때 빼놓을 수 없는 곳이 하와이이다. 섬 전체가 화산으로
만들어진 화산섬인 하와이는 현재까지도 화산 활동이 가장 왕성
한 지역 중 하나이다. 이곳 사람들은 성미 급하기로 유명한 화산
의 여신 펠레를 섬기고 있다.

펠레의 머리카락

바람에 날려 유리질의
가는 섬모처럼 변한
용암을 하와이에서는
펠레의 머리카락이라고
믿고 있다.

　펠레는 타이티에서 태어났는데 언니인 나마카오카하이와 싸운
뒤 언니에게 쫓기는 신세가 되었다고 한다. 오랜 도망 끝에 하와
이에 있는 킬라우에아 화산 분화구에 정착한 펠레는 지금도 화
가 나면 발길질을 해대고 분화구를 열고서 사람들에게 용암을
쏟아붓는다.

　사람들은 바람에 날려 유리질의 가는 섬모처럼 변한 용암을 펠
레의 머리카락이라고 믿고 땅 속에 있는 마그마의 통로를 펠레
가 다니는 지하 통로라고 믿는다. 이 절대적인 신앙 때문에 하와
이 사람들은 오래도록 펠레 여신을 섬기는 축제를 벌여왔다. 그
러나 19세기에 이르러 한 추장의 아내가 기독교로 개종하기 위
해 용암호에 돌을 던짐으로써 펠레의 권능은 깨졌다. 금방 불처
럼 화를 낼 줄 알았던 화산이 내내 잠잠했던 것이다.

　그러나 화산에 대한 이러한 숭배가 과거에만 존재했던 것은 아
니다. 지금도 화산이 폭발하면 많은 종교인들이 신의 분노를 두
려워하여 회개를 말하고 끊임없이 죄의 사함을 받기 위해 제물
을 들고 분화구를 찾는다. 자연에 대한 인간의 경외감은 과학의
시대에도 큰 변화가 없는 모양이다.

고대인들의 화산 연구

고대의 자연철학자들은 자연과학적인 관찰이 아니라 순수한 사색을 통해 화산의 활동 이론을 세웠다. 모든 사물의 근원은 불, 물, 바람, 흙의 네 가지 원소로 구성되어 있다고 주장했던 엠페도클레스는 에트나 화산의 가장자리에 앉아 명상으로 화산의 비밀을 알아내려 했으나 아무런 실마리도 찾지 못하고 절망한 나머지 분화구 속으로 뛰어들어 자살했다고 한다. 로마인들은 화산이 땅에서 양분과 지방을 공급받아 분출한다고 생각했다. 그들은 더 이상 양분을 받지 못한 화산은 배고픔을 참지 못하고 떠나버리기 때문에 화산 분출이 멈춘다고 했다.

역사상 최초의 화산학자로 기록된 사람은 플리니우스였다. 그는 AD 79년 베수비어스 화산 폭발 현장에서 죽은 삼촌 플리니우스의 이야기와 베수비어스 화산의 분화를 놀랄 만큼 꼼꼼히 기록했다. 그의 편지에는 폭발에 앞서 일어난 지진과 버섯구름 모양의 분출 기둥, 화산재와 열운, 많은 사람들을 죽음으로 몰고 간 아황산가스 등 거의 모든 화산 재해가 상세하게 기록되어 있었다.

화산에 대한 연구는 중세에 이르러서는 별다른 진전을 보지 못했다. 17세기 예수회 수도사 아타나시우스 키르허는 지구 내부에서 불타는

17세기 화산 이론의 도해

17세기 예수회 수도사 아타나시우스 키르허는 지구 내부에서 불타는 핵이 화산을 일으키고, 바다로부터 뻗어 있는 수액을 가열시켜 그것이 온천이 되어 지표로 분출한다고 생각했다.

핵이 화산을 일으키고 뿌리처럼 바다로부터 뻗쳐 있는 수맥을 가열시켜 온천이 되어 지표로 분출한다고 생각했다. 그러나 이 이론은 성서적 교의의 한계를 벗어나지 못한 것이었다. 당시에는 성서에 모든 것을 의지해야 했기 때문에 과학적인 통찰은 오히려 이단시되었다.

몇몇 과학자들이 예지에 찬 몇 가지 이론을 내세우기는 했지만 그것은 체계적으로 발달하지 못했다. 대부분 실제로 현장에서 연구된 것이 아니라 책상 위에서 머릿속으로 연구된 것이었기 때문이다. 화산에 대한 본격적인 연구는 18세기로 넘어가면서 불붙기 시작한다.

화성론과 수성론의 대격돌

18세기가 시작되면서 과학자들은 이전의 관념에서 벗어나 다양한 관찰과 실험으로 화산을 이해하기 시작했다. 이들은 화산을 직접 찾아가 용암의 견본을 수집하고 비교하였으며 새로운 화산을 발견하기도 했다. 화산에 대한 지식이 쌓여가면서 과학자들은 크게 두 패로 갈라져 싸움을 시작했다. 지구 위에 있는 암석 중 가장 많은 성분인 화성암과 현무암이 불로 만들어진 화산암이라고 주장하는 화성론자와, 이 암석들이 바다의 퇴적물이며 화산은 이 퇴적물 속에 있던 동물의 지방이 타면서 발생하는 이차적인 현상이라고 주장하는 수성론자의 대결이 그것이다. 이들의 대결은 19세기 초까지 치열하게 계속되었다.

화성론과 수성론의 대결은 현무암의

제임스 허튼

지구를 끊임없이 변화한 역학적 체계로 이해한 최초의 학자로, 근대 지질학의 아버지라 불린다.

생성에 대한 두 가지 상반된 주장을 내놓았다. 수성론의 대가인 베르너는 지구 내부가 처음부터 쭉 차가운 상태였으며, 지구는 초기에 원시 바다에 덮여 있었고, 현무암을 포함한 모든 암석은 바닷속에서 침전되어 만들어졌다고 주장했다. 그는 화산이란 최근에 생성된 것으로 별로 중요한 것이 아니며, 용암은 석탄으로 돌을 녹인 것에 불과하다고 주장했다.

화성론의 시조라고 할 수 있는 제임스 허튼은 스코틀랜드의 오래된 화산지대를 조사하여, 화산은 지구 내부에 녹아 있는 핵과 밀접한 관련이 있으며, 지구 내부의 열은 정기적인 분출로 진정이 되고, 녹은 내부 물질이 지각으로 올라와 식은 것이 현무암을 포함한 화산암이라고 주장했다.

초기에는 노아의 대홍수와 같은 성서의 내용과 잘 결부되는 수성론이 우위를 점유하는 것 같았다. 당시 과학의 교황이라고 불릴 만큼 강력한 영향력을 갖고 있었던 베르너도 지각을 구성하는 대부분의 암석이 원시의 바다에 퇴적되어 만들어진 것이라고 믿고 있었다. 그는 글쓰는 것을 싫어해 논문을 거의 남기지 않았지만 그의 정열적인 강의는 많은 젊은 학생들을 완전히 매료시켰고, 그의 학설에 따라 화산은 아주 최근의 표면적인 작은 사건으로 치부되고 말았다.

그러나 더 많은 과학자들이 더 많은 지역을 돌아보고 비교 연구하면서 사태는 화성론자들에게 유리하게 돌아갔다. 젊은 지질학자 제임스 홀은 실험실에서 현무암을 녹였다 다시 냉각시키는 과정을 통해 인공적으로 다양한 화성암을 만들어냄으로써 화성론을 증명했다.

수성론은 결국 수성론의 대가인 베르너의 재능 있는 제자들에 의해 완전히 몰락했다. 훔볼트를 포함한 그의 제자들은 전세계의 화산지대를 돌아보며 화산에 의해 만들어진 암석들을 발견하고서 수성론이 틀렸다는 사실을 인정하지 않을 수 없었던 것이다.

결론은 화성론의 승리로 끝났지만 거의 1세기에 걸친 이러한 논쟁은 화산학의 발달에 큰 촉매제가 되었다. 그리고 그 논쟁이

파벌의 힘이나 위대한 한 개인의 능력으로가 아니라 과학적 근
거와 합리주의로 결말을 맺었다는 사실은 학문하는 사람들에게
시사하는 바가 크다고 하겠다.

화산 분출의 추진력을 밝힌 스크로우프

영국 신사였던 스크로우프는 사교적인 사람은 아니었으나 사회
적인 문제나 정치에 관심이 많아 수많은 소책자를 발간할 만큼
정열적인 사람이었다. 그러나 그가 무엇보다 관심을 갖고 있었던
것은 화산이었다.

　젊은 시절 유럽 대륙을 여행하던
중 베수비어스 화산의 소규모 폭발
을 목격하고 이에 매료된 스크로우
프는 그후에도 수많은 화산 지역을
직접 방문해 주의 깊은 관찰을 계
속했다. 그는 1825년《화산에 대
한 고찰》이라는 책에서 화산의
분출을 이루는 힘은 지하의 마
그마 내에서 어떻게든 탈출하

스크로우프

베수비어스 화산의
폭발을 목격한 후
그는 화산에 매료되었다.

려는 압축된 기체 형태의 액체, 즉 화산 가스의 팽창력에 있다고
주장했다. 그것은 당시로서는 생각할 수 없었던 탁견이었다.

　그는 특히 용암 속에 녹아 있는 물이 가장 중요하다고 생각했
다. 마그마가 지표로 서서히 상승하는 과정에서 위로부터의 압력
이 감소하면서 물이 수증기가 되어 팽창하여 엄청난 분출을 일
으킨다고 본 것이다.

　이러한 스크로우프의 생각은 화산 분화에 대한 최초의 체계적
인 설명이었다. 처음에 이 이론을 발표했을 때 다른 과학자들은
스크로우프를 비웃고 무시했지만 그는 포기하지 않고 죽을 때까
지 연구를 계속했다. 1876년 그가 사망했을 때 그의 이론을 비웃
는 사람은 아무도 없었다.

화산과 결혼한 사나이 페레트

프랭크 엘보드 페레트(F. A. Perret)는 현대 화산학을 발달시킨 위대한 영웅 중 한 사람이다. 미국 브루클린 공과대학에서 물리학을 전공한 그는 아주 우수한 학생이었으며 특히 이론을 실제로 응용하는 데 관심이 많았다. 졸업도 하기 전에 대학을 떠나 토머스 에디슨의 이스트 사이드 연구소에 취직한 페레트는 곧 비범한 능력을 인정받아 에디슨의 조수가 되었다. 하지만 페레트는 이에 만족하지 않고 곧 독립하여 작은 전기 제조 회사를 설립했다. 엘리베이터용 저속 전동 모터를 개발하는 이 회사는 엄청난 성공을 거두었고 페레트는 불과 33세의 젊은 나이에 부와 명예를 한꺼번에 손에 넣게 되었다. 그러나 성공은 오래 가지 못했다. 페레트는 실패를 감당하지 못하고 신경쇠약에 걸려 완전히 무능력자로 전락하는 듯이 보였다.

프랭크 엘보드 페레트
현대 화산학을 발전시킨 페레트가 직접 만든 마이크로폰은 땅 속의 울림을 듣게 해주어 분화를 미리 예측하는 데 큰 도움을 주었다.

수년간 건강을 회복하는 데 시간을 보내던 페레트를 자극한 것은 프레 화산의 대재앙이었다. 신문 기사를 통해 화산 폭발에 대한 소식을 들은 페레트는 화산을 연구하는 데 자신의 일생을 바치기로 결심하고 이탈리아의 베수비오 산 관측소 소장을 찾아가 무보수로 일을 시작했다.

화산에 대한 열정과 뛰어난 두뇌를 바탕으로 열심히 화산에 대해 배운 페레트는 곧 화산학에서 두각을 나타내기 시작했다. 1906년 베수비어스 화산이 다시 폭발했을 때 그의 예리한 관측을 바탕으로 저술된 보고서는 화산학의 성경이 되었다. 페레트가 직접 만든 마이크로폰은 땅 속의 울림을 듣게 해주어 분화를 미리 예측하는 데 큰 도움을 주었다.

그는 1929년 프레 화산의 재분출을 예견하면서 큰 위험이 없을 것이라고 주민들을 안심시켰는데 그것은 아주 정확한 것이었다. 또한 1930년 재분출한 프레 화산의 열운 속에서도 페레트는 살아남아 당시의 관찰을 바탕으로 열운에 대한 상세한 연구 기록을 남겼다. 그는 열운이 몰아닥치는 상황에서도 관측소에 남아 화산 가스를 채집하지 못한 것을 안타깝게 생각할 정도였다.

그후 페레트는 결혼도 하지 않고 일본과 하와이의 화산을 찾아다니며 평생을 보냈다. 한때 사업가로도 성공했던 그였지만 돈이나 명예에는 별 관심이 없는 것처럼 보였다. 페레트는 어찌 보면 화산과 결혼한 사람이었다. 어디서든 분화가 시작되면 얼마 지나지 않아 그곳에 페레트의 모습이 나타날 정도로 그는 화산의 분화 모습을 관측하며 산의 이곳 저곳을 뛰어다녔다. 생피에르 시의 주민들은 페레트의 업적에 감사하여 그를 명예 시민으로 선언하고 재건된 도시 위에 그의 입상을 건립하였다.

화산을 사랑한 부부 이야기

1946년에 태어난 모리스 크래프트는 지질학자이며 화산학자였다. 그는 1968년 부인 카티아 크래프트와 함께 화산의 분출 현상을 전문적으로 연구하는 불칸 화산학 센터를 세우고, 죽을 때까지 전세계에 있는 100여 개의 화산을 직접 찾아갔으며, 150여 회에 달하는 화산 분출을 목격했고, 화산 현상에 대한 20여 편의 책과 5편의 영화를 남겼다. 이들은 화산에 대한 수많은 책을 수집했고 화산에 대한 사진도 엄청나게 소장하고 있었다.

화산을 사랑했고 화산에 미쳐 있었던 이 부부는 1991년 일본

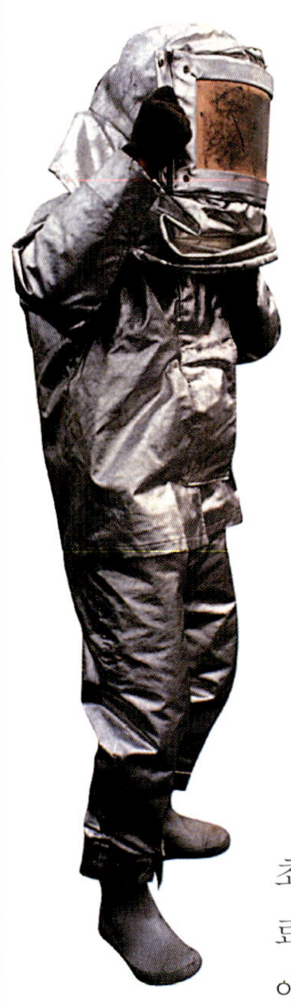

의 운젠 화산 폭발을 관찰하다 현장에서 사망했다.

화산 현장에서 생명을 잃은 과학자들은 그 외에도 많이 있다. 미국 지질조사소 소속의 지질학자인 데이비드 존스턴은 세인트헬렌스 화산이 폭발할 때 1km 밖에서 화산을 관찰하다 불처럼 뜨거운 화산재 속에서 실종되었다.

"밴쿠버, 밴쿠버, 지금 터진다."

이것이 그의 마지막 교신 내용이었다고 한다.

불을 두려워하지 않는 화산학자들

초기의 화산학자들은 주로 책상 위에 앉아 자료를 분석하고 연구하는 과정을 통해 화산을 이해하려고 했다. 그러나 얼마 지나지 않아 화산학자들은 직접 화산을 찾아다니기 시작했고, 그 결과 분출의 과정이 상세히 연구되었다. 최근의 화산학자들은 활동 중인 화산 옆에 관측소를 설치하여 화산을 관찰하는데, 여러 가지 첨단 장비의 도움을 받는다.

화산의 열기로부터 몸을 보호해주는 보호복은 불편하기는 하지만 화산 분출을 가까이에서 관찰하는 데 없어서는 안 될 중요한 장비이다. 마치 소방수의 옷처럼 금속막으로 보호되어 있다고 한다.

안전모와 석면으로 만든 내열 장갑도 아주 요긴한 장비이다. 화산의 현장에서는 작은 화산탄들이 머리 위로 떨어질지도 모르기 때문이다. 이들은 또한 용암을 채집하는 막대기에서부터 땅의 민감한 변화를 재고 온도 변화를 측정하는 고차원적인 장비까지 동원하여 화산 분출 현장을 연구한다.

  그러나 아무리 장비의 도움을 받는다고 해도 화산 분화 현장은 위험하기 짝이 없다. 아직까지는 화산 분화를 정확하게 예측할 수 없기 때문이다. 실제로 수많은 화산학자들과 사진기사들이 화산 분출 현장에서 목숨을 잃었다. 그럼에도 화산은 포기할 수 없는 어떤 매력을 갖고 있는 모양이다.

우주의 화산들

지구상에 있는 화산을 연구하던 사람들은 이제 그 시야를 우주로까지 넓히고 있다. 현재까지 이루어진 우주 탐사를 통해 태양계의 다른 행성에 있는 화산들이 조금씩 알려지게 된 것이다.

  지금도 화산 활동이 계속되고 있는 우주의 화산은 목성의 위성 중 하나인 이오이다. 보이저호가 보내온 사진에 따르면 이오에 있는 프로메테우스 화산은 높이 160km에 이르는 엄청난 분화를 일으키고 있다. 이오는 중력이 약하고 대기가 거의 없기 때문에 지구에서와는 비교도 안 될 만큼 높이 분화하는 것이다. 이오 여기저기에는 200여 개의 칼데라가 있으며 이중에는 용암이 흐르는 것도 있다고 한다.

  화성에도 태양계에서 가장 큰 화산이 있다. 올림푸스몬스라 불리는 이 화산은 하와이 제도 전체보다도 크다. 그러나 이 화산의 활동은 이미 수백만 년 전에 모두 꺼진 것으로 여겨지고 있다. 거대한 사화산인 것이다. 달에 있는 화산도 모두 사화산인 것으로 알려지고 있다. 금성에도 화산은 있으나 그 활동 여부는 아직 알려지지 않았다. 다른 행성에도 화산이 있다는 사실이 그저 신기하기만 하다.

올림푸스몬스

화성에 있는 태양계에서 가장 큰 화산. 이 화산의 활동은 이미 수백만 년 전에 꺼진 것으로 생각되고 있다.

제5장

인류의 등장

화산의 파괴와 창조에 대해
끊임없는 관심과 연구가 이루어지는
이유는 그것이 인간의 생존과 밀접한
관련이 있기 때문이다.
지구상에 인류가 등장함으로 해서
지구의 모든 현상은 이름과 의미를
얻게 되었다. 인류는 지구의 역사에서
과연 어떤 의미일까?

중생대 백악기 말에 왕성한 화산 활동이 전 지구에 걸쳐 일어났을 때 가장 고통받았던 동물은 공룡이었다. 그러나 이 무시무시한 활동은 신생대까지 계속되었고, 그에 따라 새로운 생명체가 화산에 대항하여 싸워야 했다. 바로 인류였다.

인류가 시작될 때에도 화산은 있었다. 처음에 인류는 화산을 두려워하고 숭배했지만 오늘에 와서 화산은 인류의 연구 대상이 되었다. 한반도의 신생대를 말하기 위해 화산을 말하지 않을 수 없다면, 화산을 말하기 위해서는 인류의 발달사를 말하지 않을 수 없다.

이제 인류의 조상을 찾아가는 힘겨운 여행을 시작해보자.

인류의 조상을 찾아가는 여행은 공룡의 역사를 찾아가는 여행보다 훨씬 어려움이 많다. 그것은 인간이 스스로에 대해 갖고 있는 편견 때문이다. 수세기 전에 이미 지구의 크기를 재던 인간은 불과 1세기 전에야 자신의 존재를 받아들일 수 있었다. 인류사 연구는 인간 특유의 오만한 어리석음을 보여주는 대표적인 예가 될 것이다.

인간의 조상이 원숭이라고?

인간은 수천만 년 전에 멸종한 공룡을 이해하기보다 여전히 지상의 주인공으로 살아 있는 인간 자신을 이해하는 데 더 오랜 시간이 걸려야 했다. 지금은 세 살 먹은 어린아이도 당연히 생각하는 명제, '인간의 조상은 원숭이다'를 당연하게 받아들이게 된 것은 불과 수십 년 전의 일이다.

1925년 미국 테네시 주에서 열린 재판은 인간이 원숭이에서 진화했다는 사실을 받아들이기가

얼마나 어려웠는지를 단적으로 보여준다. 진화론자들과 반진화론자들의 대결장이 되어버린 이 재판에서 과학 교사였던 존 토머스 스콥스는 인류가 열등한 동물에서 유래했다고 가르친 죄로 벌금 100달러를 지불하라는 판결을 받았다. 진화론은 유죄였다. 심지어 테네시 주의회 의원인 존 워싱턴 버클리는 공립학교에서 진화론을 가르치는 것을 금지하는 법안을 통과시켰다. 이것이 불과 약 70년 전의 일이었다.

물론 그 훨씬 이전에는 더 끔찍한 탄압이 있었다. 1616년 수세기를 앞서 내다본 위대한 이탈리아의 철학자 루칠리오 바니니는 인류가 유인원에서 유래했다는 주장을 폈다가 산 채로 화형을 당했다고 한다. 이러한 망발(?)은 인간을 자신의 형상을 본따 창조한 신에 대한 모독이며 불경이었기 때문이다.

오랑우탄

자바 사람들은 오랑우탄을 보고 음탕한 인도 여인이 꼬리 없는 원숭이와 관계를 가져 낳은 동물이라고 생각했다.

성서에 입각해 생각하는 사람들은 성서의 창조론 때문에 진화론을 받아들일 수 없었고, 성서에서 자유로운 사람들조차도 인간과 유인원의 공통점을 당혹스럽게 받아들였다. 대부분의 사람들은 인간이 유인원에서 유래했다는 사실을 상상도 하지 못한 채 유인원이 인간의 일종의 변형체가 아닐까 생각했다. 자바 사람들이 오랑우탄을 보고 음탕한 인도 여인이 꼬리 없는 원숭이와 관계를 가져 낳은 동물이라고 생각했던 것처럼 말이다.

스웨덴의 식물학자 린네 같은 위대한 과학자만이 거부감 없이 인류가 긴팔원숭이 같은 커다란 유인원과 비슷하다고 보고 같은 부류로 나누었을 뿐이다. 그는 인류와 유인원을 묶어 영장류(primate)라는 이름을 붙여주었다.

하지만 시간이 지나고 많은 유적들이 발굴되면서 성서의 권위는 과학적인 증명에 밀리기 시작했다. 모든 동물은 신의 뜻에 의해 각각 특별하게 창조되었다는 생각은 하나의 종이 자연적 선택을 통해 다른 종에서 진화한다는 진화론으로 교체되지 않을 수 없었다.

이 위대한 생각의 전환에 불을 지핀 사람은 찰스 다윈이었다. 그는 자신의 명저 《종의 기원》에서 인간이 유인원에서 진화했다고 주장하지는 않았지만 인간도 다른 종에서 진화했다는 사실을 체계적으로 설명했던 것이다.

1860년, 다윈의 열렬한 지지자였던 토머스 헉슬리는 옥스퍼드 주교 윌버포스 앞에서 다윈을 옹호하는 명강연을 했다. 화가 난 주교는 헉슬리에게 그의 조부모 가운데 누가 원숭이의 혈통을 타고났느냐고 비아냥거렸다. 이에 대해 헉슬리는 간단하게 대꾸했다.

"자신이 전혀 알지 못하는 과학적인 문제의 논점을 흐려놓기 위해 미사여구를 늘어놓는 시끄럽고 경박한 지식인보다는 정직한 원숭이가 할아버지인 편이 낫습니다."

다윈의 추종자들은 늘어만 갔고 인간은 이 받아들이고 싶지 않은 진실을 인정하지 않을 수 없었다. 물론 그렇게 되기까지는 좀 더 많은 시간이 필요했다.

인류는 언제부터 살았을까?

인류는 언제부터 지구상에 살았을까? 퀴비에는 진화론을 받아들이지는 않았지만 인류가 유인원과 같은 시기에 지상에 나타났을 것이라고 생각했다. 그러나 1834년까지 유인원의 화석이 발견되지 않았기 때문에 퀴비에는 고인류 화석의 존재를 인정할 수 없었다. 당시 대부분의 다른 사람들도 인류가 이제는 멸종해버린 동물들과 오랜 지질 시대부터 함께 살고 있었다는 사실을 믿지 않았다. 인류가 매머드와 에트루리아 황소, 고대의 들소와 코뿔소 같은 커다란 동물들과 같은 시대에 존재했다는 주장은 과학자들에게조차 비웃음을 샀다.

그러나 프랑스의 페르트 같은 몇몇 사람들은 오래된 지층에서 발견된 석기를 근거로 구석기 시대나 신석기 시대에 인간이 살고 있었다고 계속 주장했다. 페르트는 그의 저서에서 오래 전의 인류를 노아 홍수 이전의 인류라고 불렀다.

이러한 생각은 프랑스에서는 부정적으로 받아들여졌으나 영국에서는 많은 지지를 받았다. 존 에번스, 조지프 프레스트위치, 찰스 라이엘 같은 영국의 유명한 과학자들은 박편석기가 멸종된 동물들과 같은 시대에 살던 고인류가 만든 것이라는 사실을 의심 없이 받아들였다. 이 두 나라 간의 논쟁은 차츰 영국의 승리로 기울 수밖에 없었다. 이 논쟁은 당시 20년간이나 계속되었지만, 오늘날 인류가 구석기 시대에도 있었다는 평범한 사실을 모르는 사람은 없다.

인간이 유인원과 다른 몇 가지 이유

인간이 침팬지나 고릴라 같은 유인원에서 진화했다는 사실이 상식인 것처럼 인간이 유인원이 아니라는 것도 당연한 상식이다. 비록 유인원이 인간의 조상이라고 해도 오늘날 인간과 유인원은 분명한 차이를 갖고 있다. 그렇다면 인간과 유인원을 구별하는 특성은 무엇일까? 오랫동안 인간은 스스로 동물임을 인정하고 싶지

부셰 드 페르트

그는 오래된 지층에서 발견된 석기를 근거로 구석기 시대나 신석기 시대에 인간이 살고 있었다고 주장했다.

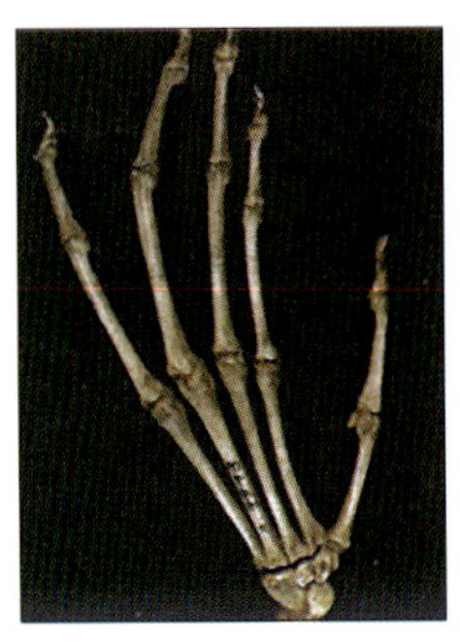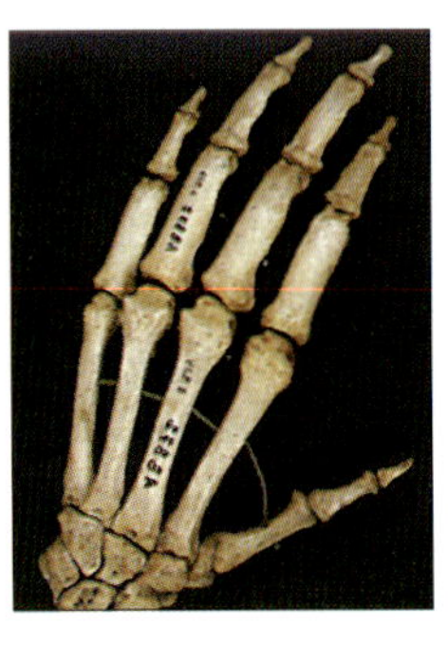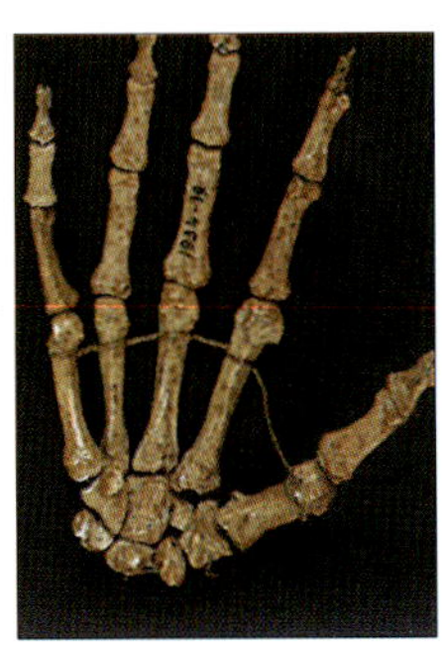

않았다. 그래서 언어를 사용한다, 신의 존재를 믿는다, 선과 악을 구별한다, 사후 세계를 믿는다 등등 다양한 근거를 들어 인간과 동물을 구별하려 했다.

인간과 동물, 특히 유인원을 구별하는 차이점은 해부학적이든 생리학적이든 여러 가지 기준이 있겠지만 현재 가장 기본적으로 받아들여지는 것은 두 발로 직립 보행을 한다는 것이다. 유전자상으로 인간과 98% 가까이 비슷한 침팬지도 경우에 따라서 앞발을 짚고 네 발로 걷지만, 인간은 걸음마를 배우기 전의 갓난아기 때를 제외하고는 네 발로 걷지 않는다. 앞발은 팔이라는 기관으로 완전히 자유롭게 진화하여 이동을 위해서가 아니라 도구를 만들거나 물건을 만질 수 있게 발달했다.

팔이 발달하다 보니 손도 유인원과 다르게 발달하게 되었다. 특히 엄지손가락을 자유자재로 54°까지 움직여 다른 모든 손가락과 마주볼 수 있는 것은 영장류 중에서 인간뿐이다. 노인들 중에는 손가락을 이용해 사주를 짚어내는 분들이 있다. 그분들이 엄지를 이용해 다른 네 손가락과 붙였다 떼었다 하는 모습은 인간만이 보여줄 수 있는 대단한 장면인 셈이다. 인간과 아주 가까운 고릴라도 엄지손가락을 어느 정도 회전할 수 있지만 최대한의 각도로 움직일 수 있는 것은 역시 인간뿐이다.

인간만의 또 다른 특징을 말하라고 하면 역시 대뇌의 크기이다. 두개골의 크기를 보면 대뇌의 크기를 짐작해볼 수 있는데, 인간의 대뇌 크기는 모든 동물 중에서도 독보적이라고 할 만큼 크다. 초기 과학자들은 두개골 크기의 진화가 인류와 영장류를 분류하는 가장 기본적인 기준이라고 생각할 만큼 대뇌의 발달을 중요하게 생각했다. 어떤 과학자들은 뇌의 용적이 700~800cm² 가 되었을 때 유인원이 인류가 되었다고 주장하기까지 한다. 지금은 인간 진화의 시작이 두뇌 용량의 확대 이전에 직립 이족 보행에서 비롯되었다는 쪽으로 기준이 바뀌고 있지만, 두뇌 크기는 여전히 영장류와 인간을 구별하는 중요한 기준이다.

직립 보행으로 두 손이 자유로워지고 두뇌 용량이 커지면서 일어난 변화는 도구의 제작이었다. 최초의 도구는 돌을 다듬어 만든 석기로서 단순한 인공성을 갖고 있었으나, 이것이 차츰 정교해져 호모 에렉투스에 이르러 훨씬 다양한 석기가 발달하게 된다. 후대 구석기 시대에 이르면 동물의 뼈나 사슴의 뿔로 만든 다양한 도구가 만들어진다. 도구가 집단의 문화적 특성을 대변하는 유물로까지 발전하기에 이른 것이다.

직립 보행에 대뇌의 발달로 머리가 커지면서 일어난 또 하나의 변화는 후두가 아래로 내려가고 성대가 울릴 수 있는 공간이 넓어지면서 말을 할 수 있게 되었다는 점이다. 이전의 단순한 신호 전달이 아니라 다양한 자음과 모음을 구사하게 되면서 인간은 추상적이고 체계적인 언어를 공유하게 되었고 사회와 문화를 발달시킬 수 있게 되었다. 최근 오랑우탄에게 언어를 가르치는 실험이 계속되고 있지만 영장류가 인간처럼 다양한 언어 체계를 갖기는 어려울 것으로 보인다. 인간은 영장류에서 진화해왔지만 언제부터인가 영장류를 뛰어넘는 존재로 진화해버린 것이다. 그럼에도 인간은 여전히 다른 영장류와 함께 하나의 동물종에 속해 있다.

도구의 발명

두 손이 자유로워진 인류는 도구를 제작하기 시작하였다. 처음엔 돌을 다듬어 사용했으나 차츰 동물의 뼈나 사슴의 뿔 등으로 다양한 도구를 만들었다.

인류의 기원은 어디에

인간이 유인원에서 진화했다고 하더라도 인간은 이제 유인원과는 분명히 다른 생명이 되었다. 그렇다고 어느 날 갑자기 침팬지에서 현대의 인간과 같은 종이 태어났을 리는 없다. 그렇다면 과연 인간과 유인원을 이어주는 존재는 무엇일까?

진화론을 믿는 많은 과학자들은 이 중간자를 찾기 위해 노력했다. 에른스트 헤켈은 동남 아시아에 사는 긴팔원숭이의 태아와 인간의 태아가 무척 닮았다는 사실에 주의하여 인간은 긴팔원숭이에서 진화했으며 그 중간자는 아시아에 있을 거라고 믿었다. 이러한 주장은 헤켈의 지지자인 네덜란드 해부학자 외젠 뒤부아가 자바에서 직립 보행에 적합한 유골을 발견함으로써 사실인 것처럼 받아들여졌다. 이 고인류의 화석은 인류와 유인원의 중간 정도 크기의 두개골을 갖고 있었다.

과학상식백과

'노아의 홍수' 증인은 도롱뇽?

계몽 시대 초기에 스위스의 의사인 쇼이히처는 우연히 채석장 석판에서 인류의 골격 흔적을 발견했다. 성서에 나오는 노아의 홍수를 굳게 믿고 있었던 그는 이 골격의 주인이 물에 휩쓸려 내려간 인종의 유물이라고 생각하여 그 골격에 호모 딜루비이 테스티스(Homo diluvii testis : 노아 홍수의 목격자)라는 이름까지 붙여주었다. 노아 홍수의 두 번째 증인은 수년 후 독일에서 발견되었다. 검고 빛나는 척추뼈 화석이 명예롭게 노아 홍수의 두 번째 증인이 된 것이다. 그러나 약 100년이 지난 1811년, 고척추생물학의 대가인 퀴비에는 이 증인의 뼈가 도롱뇽의 것임을 증명해 보였다. 의사가 인간과 도롱뇽의 뼈를 구별하지 못하다니, 신념은 때로 사람의 눈을 멀게 하는 모양이다.

도롱뇽의 척추뼈

　그러나 계속되는 연구 결과에 따라 이 화석 유골이 인류와 유인원을 잇는 중간자가 아니라 진짜 인류인 호모 에렉투스라는 사실이 밝혀졌다. 진정한 중간자는 아시아에 있지 않았던 것이다.

　찰스 다윈과 토머스 헉슬리는 침팬지와 고릴라가 인류와 가장 닮았으므로 인간의 선조는 아시아보다 아프리카에서 발생했을 것이라고 생각했다. 뛰어난 통찰력과 직관에 바탕을 둔 이 가설은 후에 사실로 밝혀졌으며, 아프리카는 인류의 모태로 각광받게 된다.

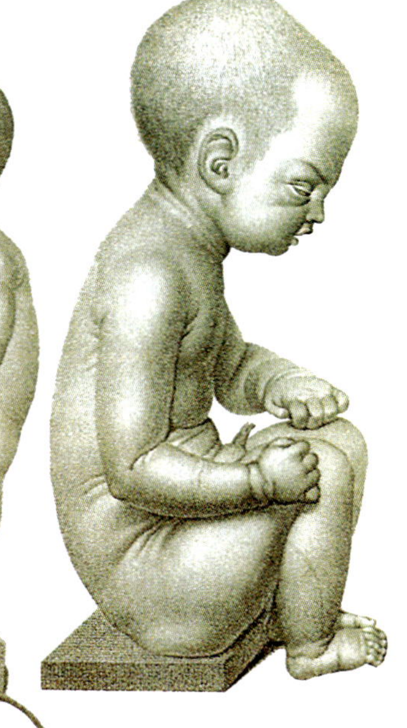

원숭이와 인간의 태아

진화론을 믿는 과학자들은 긴팔원숭이의 태아와 인간의 태아가 닮았다는 사실에 주의하여 인간은 긴팔원숭이에서 진화했을 것이라고 믿었다.

인류의 화석이 최초로 발견되다

1856년 프랑스의 과학자 라르테는 훗날 그가 드리오피테쿠스 (Dryopithecus)라고 이름붙인 유인원의 아래턱뼈를 발견했다. 이 턱뼈에 붙은 이빨은 고릴라나 오랑우탄 같은 커다란 유인원의 이와 비슷하면서 동시에 인류의 이와도 유사했다. 많은 사람들은 유인원의 화석이 발견된 것을 보고 인류의 화석도 곧 발견될지 모른다는 기대에 부풀었다.

　하지만 사실 인류의 화석은 이미 발견되어 있었다. 1822년 영국 옥스퍼드 대학의 지질학 교수인 윌리엄 버클랜드가 웨일스의 파빌랜드라는 동굴을 조사하다가 붉은 황토에 싸인 해골을 발견했던 것이다. 하지만 인간이 선사 시대부터 살았다는 사실을 믿지 않았던 버클랜드는 이 '붉은 귀부인'이 로마 시대에 매장된 사람의 것이라고 생각했다. 그러나 몇 년이 지난 후에 이 '붉은 귀부인'은 최초의 크로마뇽인 표본으로 밝혀지게 된다.

뒤를 이어 인류의 유골은 계속 발견되었다. 1830년, 벨기에의 박물학자 슈메를링은 네안데르탈인의 존재를 확인해주는 증거물을 최초로 발견했다. 벨기에 동부 리에주 근방에서 네안데르탈 어린아이의 두개골 조각을 찾아낸 것이다. 하지만 이 오래된 유골 역시 처음에는 현생 인류의 것으로 추정되다가 한참 후에야 진짜 나이를 되찾을 수 있었다.

1856년, 인류사에 길이 남을 화석 하나가 마침내 발견되었다. 뒤셀도르프 부근의 네안더 계곡에서 대리석을 캐던 광부들이 20m 높이의 절벽에서 조그만 동굴을 발견했는데, 그 속에 진흙으로 싸인 사람의 뼈가 동굴 입구 쪽으로 머리를 두고 묻혀 있던 것이다. 첫 발견자인 채석장의 광부들은 이것을 곰의 뼈로 생각하고 내다버렸다. 하지만 다행히 채석장의 소장이 이 사실을 인근에서 자연사 강의를 하던 플로트에게 알렸다. 버려질 뻔했던 귀한 유물이 살아남게 된 것이다.

플로트는 완전히 부서진 뼈 무더기 속에서 알아볼 수 있는 몇 개의 골격을 찾아냈다. 쑥 들어간 이마와 고릴라처럼 돌출된 눈썹뼈 등 두개골은 아주 원시적인 특징을 갖고 있었으며, 뼈의 내벽이 아주 두꺼운 것으로 보아 뼈의 주인은 대단한 근육질의 소유자인 것 같았다.

플로트는 이 화석의 주인이 유인원과 인류의 중간 단계인 인간의 먼 조상이라고 생각했다. 이 화석에는 동굴이 있던 네안더 계곡의 이름을 따서 네안데르탈인이라는 이름이 붙었다.

인간은 언제나 가장 오

윌리엄 버클랜드

영국 지질학자인 그는 최초의 크로마뇽인 '붉은 귀부인'의 유골을 발견했으나, 로마 시대에 매장된 사람의 것이라고 생각했다.

래된 인류, 혹은 유인원과 인간을 연결하는 최초의 중간자를 발견하고 싶어했다. 그러나 고인류학의 연구는 현생 인류에서 가장 가까운 조상을 발견하는 것으로 시작된 셈이다. 그리고 연구가 계속됨에 따라 인류가 지상에 등장한 시기는 자꾸만 과거로 거

네안데르탈인의 두개골

1856년에 발견된 이 두개골은 쑥 들어간 이마와 돌출된 눈썹뼈 등 아주 원시적인 특징을 갖고 있었다.

슬러 올라갈 수 있었다. 가장 최근에 발견된 인류 화석이 가장 오래 전에 등장한 인류 조상의 것이었다. 연구가 계속된다면 고인류사는 계속 기록을 갱신하게 될지도 모른다.

네안데르탈인은 기형의 백치가 아니다

고인류의 화석이 발견되었지만 사람들은 쉽게 네안데르탈인의 존재를 믿지 못했다. 화석이 노동자들에 의해 발견되었기 때문에 믿을 수 없다는 사람도 있었고, 이 화석이 러시아 코사크족의 유골이라고 생각하는 사람도 있었다. 당시 인류학의 대가였던 루돌프 피르호는 그것이 구루병과 관절염에 시달려 기형이 된데다가 머리에 심한 상처를 입어 불구가 된 사람의 것이라고 주장하기까지 했다.

반면 오스트리아의 해부학자 샤프하우젠만은 이 화석이 인간이 동물에서 진화했다는 증거물이 될 수 있다고 믿었다. 화석뿐 아니라 화석이 발견된 동굴까지 세밀하게 연구한 찰스 라이엘도 이것이 호모 사피엔스와 전혀 다른 새로운 인류의 것이라고 생각했다.

네안데르탈인의 존재에 대한 논쟁은 이후 30여 년이나 계속되

었는데 결론은 진화론자들의 승리였다. 1866년 벨기에의 라놀레트에서 네안데르탈인의 아래턱뼈가 발견되었고, 또 같은 해에 벨기에의 스피에서 이전의 화석과 특징이 같은 두 구의 화석이 발견되었던 것이다. 그중 하나는 거의 완벽한 형태를 갖고 있었기 때문에 사람들은 이 고인류의 존재를 인정하지 않을 수 없게 되었다.

그러나 네안데르탈인은 유인원과 인류를 잇는 중간자가 아니라 호모에 속하는 분명한 인류의 조상이었다. 이들은 현생 인류와 약간의 차이만 있었을 뿐, 5만 년 내지 10만 년 전, 오래 잡아도 약 20만 년 전에 살았던 인류로 추정된다.

현생 인류, 크로마뇽인의 등장

1868년 프랑스 남서부 도르도뉴 지방의 크로마뇽 바위 뒤에서 다섯 구의 화석골이 발견되었다. 철도 공사를 하던 노동자들이 동굴에서 뼈와 도구들을 발견한 것이다. 발굴에 참가했던 과학자들의 추측대로라면 그들은 매장된 것임에 틀림없었다. 이 화석 유골들과 함께 발견된 도구들은 200만 년 전부터 1만 년 전에 이르는 구석기 시대의 도구들로 판명되었다.

처음에 과학자들은 이 놀라운 유골과 유물들을 믿을 수가 없었다. 원시 미개인이라고 생각했던 구석기 시대의 인간이 죽음과 사후 세계에 대한 의식을 갖고 시체를 매장했다는 사실을 받아들이기가 쉽지 않았던 것이

그림 그리는 크로마뇽인

크로마뇽인들은 동굴 벽에 그림을 남겼으며 다양한 도구와 세련된 문화를 갖고 있었다.

다. 하지만 유물은 조작된 것이 아니었다. 6년 뒤인 1874년, 해부학적으로 현대인의 유골과 아주 유사한 이 화석골들은 크로마뇽 인종(Cro-Magnon race)이라는 공식적인 이름을 얻게 되었다.

크로마뇽인은 네안데르탈과 확연히 구별되는 보다 진화한 인종으로, 오늘날 지상에 살고 있는 현생 인류인 호모 사피엔스 사피엔스 인종이다. 이들은 4~5만 년 전에 동굴에서 살았으며 겉모습도 오늘날 빌딩 사이를 걸어다니는 현대인과 전혀 다르지 않았다. 이들은 동굴 벽에 아름다운 그림을 남겼으며 다양한 도구와 세련된 문화를 갖고 있었다. 프랑스인들은 이렇게 보다 진화한 유골이 자신들의 땅에서 발견되었다는 사실에 자부심을 느꼈다. 하지만 그후 계속된 연구에 의하면 크로마뇽인은 아프리카에서 발원하여 중동을 거쳐 전세계로 뻗어나갔을 가능성이 크다고 한다.

호모 에렉투스의 발견

헤켈의 이론을 바탕으로 아시아에서 인류와 유인원의 중간자를 찾으려 했던 네덜란드 해부학자 외젠 뒤부아는 1887년 당시 네덜란드의 식민지였던 수마트라에 있는 부대에 자원하여 화석 발굴에 매달렸다. 그러나 화석 발견은 쉽지 않았다. 자그마치 2년 동안 수마트라에서 수많은 동굴을 뒤졌지만 아무런 소득이 없었다. 그러는 동안 말라리아에 걸린 뒤부아는 자바 섬으로 이송되고 말았다.

그런데 행운은 바로 자바 섬에 있었다. 1891년, 그는 자바의 와작 부근에서 인류의 유골을 발견했다는 소식을 듣고 즉시 그곳으로 달려가 솔로 강 기슭의 라우쿠쿠 산에서 인류의 유골을 발견했다. 두개골의 이마는 낮고 푹 들어갔으며 돌출한 눈썹뼈가 두드러졌는데, 뒤쪽으로 갈수록 폭이 현저히 좁아지는 특징을 보였다. 그 때문에 뒤부아는 처음에 이것을 유인원의 유골로 생각했는데, 뒤이어

호모 에렉투스 두개골

두개골의 이마가 낮고 푹 들어갔으며, 돌출한 눈썹뼈가 두드러지는 특징을 보인다.

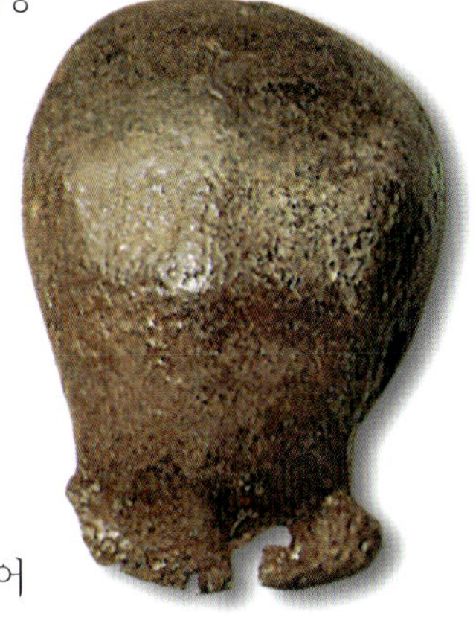

직립에 적합한 대퇴골이 발견되자 이 화석 인류가 유인원과 인류를 잇는 연결 고리라고 확신했다. 그는 이 유골에 직립원인(直立猿人)이라는 뜻의 피테칸트로푸스 에렉투스(Pithecanthropus erectus)라는 이름을 지어주었다.

자바 원인이라고도 불리는 이 화석 유골은 이후 수십 년간 대단한 논쟁을 일으켰다. 어떤 사람들은 이것을 단순한 유인원의 화석으로 생각하여 중간자라고 주장하는 뒤부아를 비난했다. 영국 고생물학계의 대부인 케이스는 거꾸로 이것이 유인원과 인류의 중간자가 아닌 분명한 인류의 조상이라고 생각했다. 자바에서의 발굴 작업은 계속되었지만 새로운 발견이 나타나지 않았기 때문에 논쟁은 끝을 보지 못하고 지루하게 이어졌다. 이 와중에서 발견자인 뒤부아

용골

1920년대 당시 중국 약재상들은 오래된 화석뼈를 용골이라 하여 만병통치약으로 팔았는데 그중에는 인류 조상의 이빨이 들어 있었다.

는 마음의 상처가 클 수밖에 없었다. 그는 결국 유골을 자기 집 식당 마루 밑에 파묻어버리고는 30여 년 간 아무에게도 보여주지 않았다.

1929년, 중국의 베이징 근처 저우커우뎬(周口店) 동굴에서 또 하나의 의미 있는 유골이 발견되었다. 당시 중국 약재상들은 오래된 화석뼈를 '용골'이라 하여 만병통치약으로 팔고 있었다. 이것을 갈아 마시면 어지간한 병은 모두 낫는다고 생각한 것이다. 그런데 용골을 먹은 사람에게는 찜찜한 이야기이겠지만 그중에 인류 조상의 이빨이 들어 있었다. 이를 바탕으로 부근에서 대규모 발굴 작업이 시작되었다.

3년간에 걸친 주구점 동굴 탐사 끝에 탐사 팀은 거의 원형에

가까운 두개골을 발굴해냈다. 그 외에도 수많은 유골 조각과 많은 도구가 함께 발굴되었다. 이들은 약 50만 년 전에 이곳에 살았던 것으로 추정되었는데 놀랍게도 이미 불을 사용하여 음식을 익혀 먹었던 것으로 밝혀졌다.

　베이징 원인이라 불리는 이 유골은 자바 원인의 것과 아주 흡사한 형태를 띠고 있었다. 탐사 팀은 이 화석에 시난트로푸스 페키네시스라는 이름을 붙였다. 이것은 베이징에서 온 중국인이라는 뜻이다.

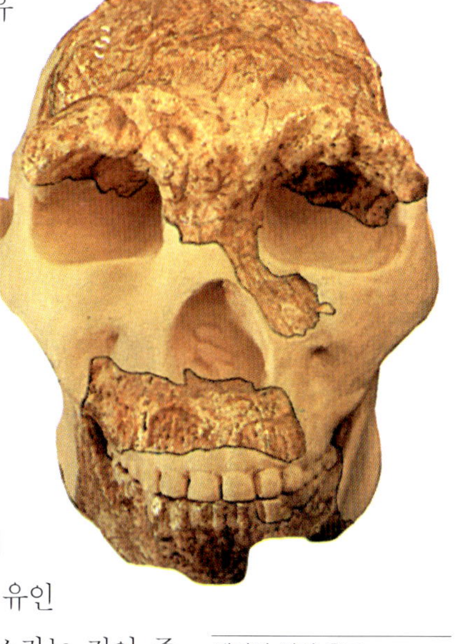

베이징 원인 유골

이 유골은 자바 원인의 것과 아주 흡사한 형태를 띠고 있었다.

　1930년대에 들어서도 자바에서 더 많은 유골이 발굴되었는데, 계속된 연구 결과 이들이 인류와 유인원을 잇는 중간자가 아니라 인류인 호모 에렉투스라는 것이 증명되었다. 지루하게 계속된 논쟁에 종지부를 찍은 것이다. 뒤부아도 뒤부아를 비웃었던 사람들도 모두 틀렸지만 뒤부아가 발견한 호모 에렉투스, 즉 직립 인간은 현생 인류의 직접적인 조상으로 중요한 위치를 차지하고 있다. 자바 원인은 후에 호모 에렉투스 에렉투스(Homo erectus erectus)로, 베이징 원인은 호모 에렉

과학상식백과

사라진 베이징 원인

베이징에서의 발굴 작업은 계속되어 일본과 중국 사이에 전쟁이 일어나기 전까지 많은 유골이 발굴되었다. 그러다 1941년 일본군이 가까이 진군해오자 중국은 이 호모 에렉투스의 유골을 미국으로 보내기로 결정하고 미국 해병 파견대에 넘겨주었다. 그러나 이들이 승선한 전함은 안타깝게도 바닷속으로 침몰하고 말았다. 어렵게 세상의 빛을 본 유골들은 미군 해병들과 함께 200m가 넘는 바닷속에 가라앉은 것이다. 혹시 오랜 시간이 지난 후에 이 전함이 발견된다면 어떻게 될까? 인류의 후손들은 호모 에렉투스와 호모 사피엔스 사피엔스가 함께 발굴된 사실이 혼란스러울지도 모르겠다.

투스 페키네시스(Homo erectus pekinesis)로 분류되었다. 이로써 인류 고생물학이 어느 정도 틀을 갖추게 되었다.

비록 인간의 의식은 원숭이라는 조상을 아직 선뜻 받아들이지 못하고 있지만, 19세기에 이루어진 고인류에 대한 탐구는 호모 속에 속하는 인류의 조상을 찾아내는 데 지대한 기여를 한 것은 사실이다. 이렇게 기초가 쌓인 상태에서 20세기에 들어서자 과학자들은 아프리카에 숨어 있는 진정한 인류의 기원, 즉 유인원과 인류를 연결하는 중간자를 찾아 더욱더 먼 시간 여행을 떠나게 되었다.

희대의 사기극, 필트다운인

1911년, 아마추어 고고학자인 찰스 도슨은 영국 남부 필트다운 부근의 자갈 채취장에서 화석 인류의 두개골과 아래턱뼈를 발견했다. 당시 고인류학자들은 유인원의 특성과 인류의 특성을 함께 갖고 있는 원시인의 존재를 굳게 믿고 그 화석을 찾기 위해 노력하고 있었다. 이러한 믿음에 부합하기라도 하듯이 이 화석 인류는 현생 인류와 뇌의 용량이 거의 같음을 보여주는 두개골에 유인원의 특징을 가진 아래턱뼈를 갖고 있었다.

과학자들은 이것이 옛날 서유럽에서 살았다고 알려진 원시인의 유골이라고 굳게 믿고서 열광했다. 곧 일명 필트다운인이라 명명된 이 화석 인류에 대해 수많은 연구 결과가 쏟아져나왔다. 특히 고인류학 연구의 중심이면서도 화석 발굴에 있어 프랑스에 뒤처져 있어 내심 자존심이 상해 있던 영국으로서는 필트다운인의 발견을 반기지 않을 수 없었다. 게다가 필트다운인의 커다란 두뇌 용량은 그들의 자만심을 충족시키기에 적합한 것이었다. 필트다운인은 세계 최고 국가의 국민이라는 자부심으로 똘똘 뭉쳐 있던 영국인들을 흥분시켰다.

특히 영국 고생물학의 대부라고 할 수 있는 아서 케이스는 이 화석을 믿을 수 있는 것이라고 보증하면서 발견자의 이름을 따 에오

안트로푸스 도소니(Eoanthropus dawsoni)라고 명명하기까지 한 것이다.

필트다운인을 보증하는 데 자신의 학문적인 모든 것을 걸었던 것은 우드워드도 마찬가지였다. 영국 고생물학계의 4대 거장 중 한 사람이었던 우드워드는 프랑

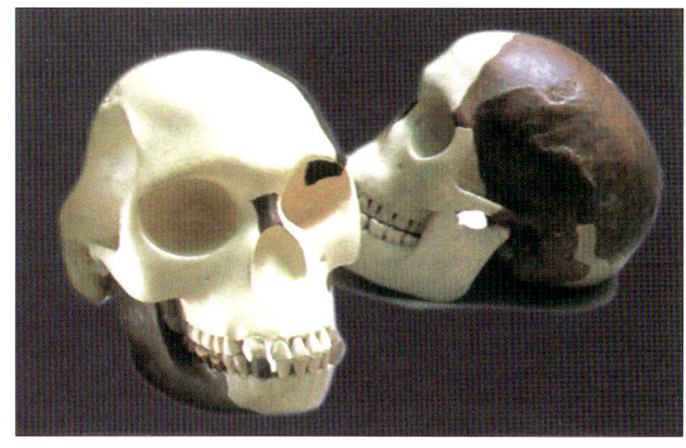

필트다운인 유골

1911년 영국 필트다운 부근의 자갈 채취장에서 발견되었다.

스의 크로마뇽인이나 독일의 인류 화석보다 더 오래되었으면서도 더 인간에 가까운 필트다운인의 연구에 일생의 마지막 30년을 바쳤다.

그러나 계속되는 화석의 발굴은 필트다운인의 존재를 위협했다. 인류는 과거로 거슬러 올라가면 올라갈수록 두뇌는 더 작아지지만 치아 구조는 현대인과 별 차이가 없었던 것이다. 게다가 필트다운인의 두개골과 아래턱뼈는 잘 들어맞지도 않았다.

마침내 1953년 어이없게도 필트다운인이 가짜라는 사실이 밝혀졌다. 그것은 500년 정도 된 진짜 인간의 두개골에 비슷한 시기의 오랑우탄의 아래턱뼈를 교묘하게 붙여 만든 조작품이었던 것이다. 이 일을 꾸민 누군가가 유인원의 이빨을 사람처럼 보이게 하려고 뾰족하게 솟아오른 어금니 부위를 줄로 평평하게 갈았고, 이빨과 턱 표면을 두개골과 같은 색으로 보이게 하려고 페인트칠까지 했다. 게다가 필트다운인의 연령을 더 오래된 것으로 만들기 위해 주변에 오래된 다른 포유류의 화석들을 몰래 갖다 놓는 치밀함까지 보여주었다.

장난으로 치부하기에는 너무 어이가 없는 이 사기극의 주모자에 대한 의견은 아직도 분분하다. 초기에는 많은 사람들이 찰스 도슨이나 당시 영국의 유명한 해부학자인 케이스와 우드워드를 포함해 발굴에 참여했던 사람들에게 용의점을 두었다.

그러나 아마추어 과학자였던 찰드 도슨은 인품과 상관없이 그러한 일을 할 만한 지식이 없다는 것이 일반적인 생각이었다. 게다

가 그는 500년이나 된 유골과 오래된 포유류의 화석을 구할 수 있는 위치가 아니었다.

후에 고생물학의 대가인 케이스와 우드워드에 대한 혐의도 많이 사라졌다. 그들의 인품과 업적을 생각할 때 일부런 그런 사기극을 저지를 사람들은 아니었기 때문이다. 그러나 적어

도 이 두 사람의 대가가 세웠던 보증 때문에 현미경으로도 명백히 보이는 줄칼 흔적조차 진실로 받아들여지지 못했던 죄과는 남았다. 이처럼 대가의 편견과 아집은 때로 발전의 가장 큰 장애가 되는 것이다.

최근에는 필트다운인 발굴에 참여했던 다른 과학자들이 용의 선상에 오르고 있다. 이들은 한결같이 케이스와 우드워드에게 원한이 있던 사람들이었다. 케이스와 우드워드는 대가들이 흔히 가질 수 있는 오만과 편견으로 다른 사람들의 연구 결과를 무시하고 망신을 주었으며, 심한 경우 자신들의 권력을 이용하여 핍박하는 일도 있었기 때문이다. 이것이 사실인지 아닌지는 밝혀지지 않았지만 결론적으로 케이스와 우드워드는 이 사건의 최대 가해자이자 동시에 피해자가 되었다. 평생의 명예에 먹칠을 한 꼴이 되고 말았던 것이다.

주모자가 누구였든지 간에 이 사기극이 남긴 교훈은 간단하다. 진실을 탐구하는 열린 마음은 그 어떤 대가의 한마디보다 중요하다는 것이다. 진실이 밝혀진 후 진지하게 필트다운인에 몰두했

던 많은 과학자들은 씁쓸하고 허탈한 마음을 주체할 수 없었다.

나무에서 내려온 인류의 조상

찰스 다윈의 진화론에 의하면 하나의 종은 환경의 변화에 더 쉽게 적응할 수 있는 쪽으로 진화한다. 돌연변이로 새로워진 종과 이전의 종 중에서 변화에 적응한 쪽이 살아남아 진화하는 것이다. 인류 역시 그러한 진화의 투쟁 속에서 유인원의 모습을 뛰어넘었을 것이다. 20세기에 들어와 더욱 발달한 인류 고생물학은 이러한 진화의 투쟁이 아프리카에서 시작되었음을 보여주었다. 그렇다면 아프리카에서 유인원이 인간으로 진화하게 된 데에는 어떤 환경적인 계기가 있었던 것일까? 최근의 과학자들은 아프리카를 동서로 가르는 그레이트 리프트 밸리의 생성을 그 원인으로 짐작하고 있다.

2천만 년 전 세계는 극심한 지각 변동에 시달렸다. 알프스와 히말라야가 솟아오르고 홍해가 열렸으며 아시아와 아프리카가 분리되었다. 게다가 아프리카 동쪽에는 남북으로 그레이트 리프트 밸리가 거대한 단층을 형성하기 시작했다. 아프리카 판은 동쪽으로 소말리아 판은 서쪽으로 아주 천천히 이동하면서 이런 변화를 만들었던 것이다.

아프리카 동부 지방을 3,000km 이상 넓이로 가로막고 있는 그레이트 리프트 밸리는 동아프리카의 환경을 완전히 뒤바꾸고 말았다. 거대한 장막처럼 솟은 산맥들이 서쪽에서 불어오는 습기 찬 공기를 차단하여 동아프리카의 강우량을 엄청나게 감소시켰

던 것이다. 열대우림이 울창하던 동아프리카의 숲은 곧바로 나무가 드문 초원지대로 바뀌고 말았다. 열대우림의 나무 위에서 살던 유인원들은 새로운 환경을 맞아 양자 택일을 할 수밖에 없었다. 숲에 집착하다 죽을 것이냐, 나무에서 내려와 초원에 적응할 것이냐.

서아프리카 열대우림에 남은 유인원들은 나무 위에서 사는 생활을 계속할 수 있었다. 그들은 오늘날 침팬지나 고릴라로 진화했다. 그러나 동아프리카에 남은 유인원들은 살기 위해 나무에서 내려와 초원으로 나갈 수밖에 없었다. 그들은 땅 위로 내려와 두 발로 걷게 되었고, 약 500만 년 전쯤에는 직립 이족 보행이라는 새로운 보행 방식을 획득한 원시적 초기 인류인 오스트랄로피테쿠스로 진화하게 되었다.

　오스트랄로피테쿠스에 속하는 원시 화석이야말로 유인원과 인류를 연결하는 중간자이며 인류의 근원이다. 이에 속하는 모든 원시 인류를 오스트랄로피테신이라고 부른다.

타웅의 아기, 오스트랄로피테쿠스 아프리카누스

1924년, 오스트레일리아 출신의 해부학자 레이먼드 다트 교수는 남아프리카공화국 요하네스버그의 위트워터스랜드 대학에서 해부학 강의를 하고 있었다. 강의 도중 한 여학생으로부터 비비원숭이의 화석에 대한 이야기를 들은 다트 교수는 그 화석을 직접 보고 싶어했다. 문제의 화석은 타웅의 석회암 채석장에서 발파 작업을 하던 중 바위 밑 15m 정도에서 나왔다고 했다. 그 화석은 작업장 현장소장의 손에 들어가 있었다. 나중에 다트 교수가 받아본 상자 속에는 석회암 조각이 잔뜩 들어 있었고 그 석회암 속에 화석 조각이 박혀 있었다.

　언뜻 보기에도 이 화석은 비비의 것으로 보이지는 않았다. 두개골이 비비의 것치고는 꽤 큰 것이 보다 유인원에 가까웠던 것이다. 그러나 아프리카에서는 그때까지 유인원의 화석이 발견되지 않았기 때문에 다트 교수는 마음이 설레었다. 그는 어쩌면 이것이 사라진 유인원의 조상의 화석일지도 모른다는 생각이 들었다.

　다트는 고생물학자가 아니었기 때문에 화

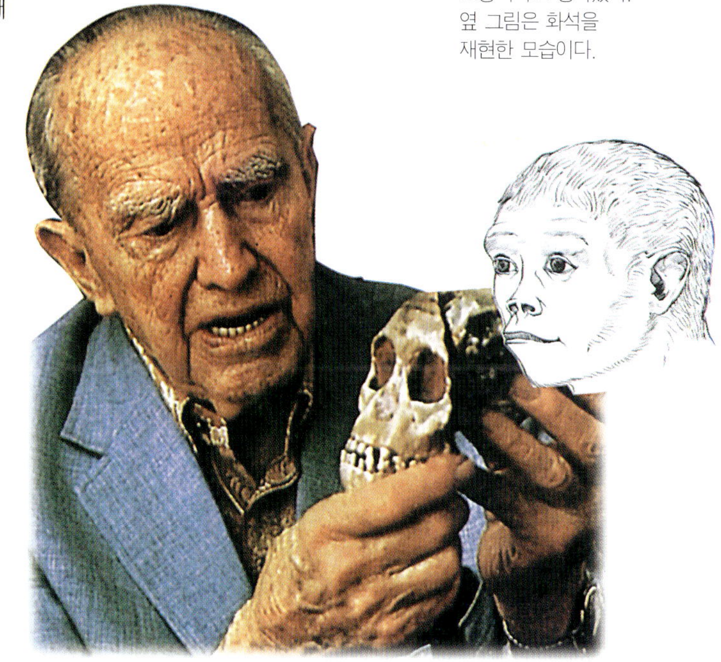

다트와 타웅의 아기

레이먼드 다트 교수는 '타웅의 아기'로 불리는 화석을 유인원의 조상이라고 생각했다. 옆 그림은 화석을 재현한 모습이다.

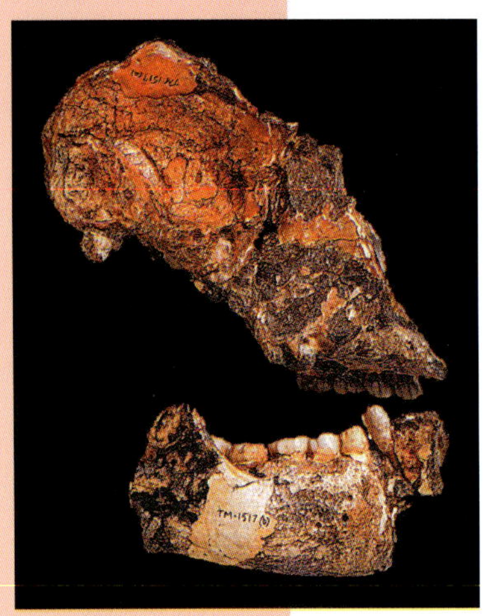

최초의 로부스투스

1938년 로버트 블룸이
남아프리카의
스터크폰테인에서
발견한 화석으로,
이를 통해 아프리카가
고인류학 연구의 새로운
메카로 자리잡게 되었다.

석을 채취하고 손질하는 방법을 알지 못했다. 그러나 과학자다운 태도로 그는 조심스럽게 화석에서 이물질들을 떼어내기 시작했다. 나중에는 아내가 사용하는 뜨개질 바늘까지 사용해 미세하게 쪼고 떼어내는 작업을 계속했다.

장장 73일에 걸친 작업 끝에 깨끗하게 손질된 화석은 다트 교수의 기대를 충족시키고도 남는 것이었다. 그것은 비비도 유인원도 아닌 여섯 살 난 어린아이의 두개골처럼 보였기 때문이다. 아이의 이빨은 완전히 갖추어져 있었고 만 여섯 살 아이에게서 나는 어금니가 막 솟아오르고 있었다. 두개골은 유인원에 비해 아주 높고 둥글었으나 얼굴은 작았다.

분명 화석의 두개골은 사람의 것이었다. 언뜻 보면 두개골의 턱이 튀어나와 있어 침팬지의 것에 가까워 보였다. 그러면서도 이 두개골은 유인원의 특징인 날카로운 송곳니와 치극을 갖고

인간과 유인원의 이빨 구별법

첫째, 인간의 턱은 둥글며 이빨들은 포물선 모양으로 고르게 굽어 있다. 반면 유인원은 송곳니 뒤쪽의 이빨들이 대체로 평행선을 이루고 있어 턱이 세워 놓은 ㄷ자 형이다.

둘째, 인간의 송곳니는 끝이 덜 뾰족하고 약간 넓고 평평한 펜촉 모양이며 다른 이빨과 키가 비슷하다. 크기는 남녀에 별 차이가 없다. 반면 유인원의 송곳니는 원뿔 모양에 가깝고 끝이 뾰족하며 아래 송곳니가 매우 크기 때문에 턱을 다물면 톱니바퀴처럼 맞물린다. 수컷의 송곳니가 훨씬 크다.

셋째, 인간의 위턱에는 이빨 사이에 치극이라는 빈 공간이 없다. 반면 유인원의 위턱에는 입을 다물 때 뾰족한 아래 송곳니가 들어갈 공간이 필요하기 때문에 치극이라는 빈 공간이 발달해 있다.

넷째, 인간의 첫번째 작은 어금니에는 씹는 역할을 원활히 하기 위해 두 개의 솟아오른 교두가 발달해 있다. 반면 유인원은 자르는 역할이 중심이기 때문에 교두가 큰 것 하나만 발달해 있는 것이 보통이다.

있지 않았다. 이빨을 중심으로 본다면 이것이 사람
의 두개골이라는 사실은 의심할 여지가 없었다.

거기에 놀랍게도 척추 신경이 두뇌로 연결
되는 구멍이 두개골의 바닥에 위치하고 있
었다. 보통 비비나 침팬지는 거의 네 발로
걸어다니기 때문에 이 구멍이 두개골 뒤쪽
으로 치우친 곳에 있다. 그렇다면 이 바닥
에 있는 구멍은 두개골의 주인공이 똑바로
서서 두 발로 걸어다녔다는 뜻이 되는 것이
다. '직립 보행을 하는 유인원' 혹은 '직립 보
행을 하는 유인원과 인간의 중간자'의 존재는 당
시로서는 상상도 할 수 없는 일이었다.

다트 교수는 이 어린이 화석이 유인원과 인류를 연결하는 고
리라고 믿고 다음해 〈네이처〉 잡지에 이러한 사실을 알렸다. 사
람들은 이 화석을 '타웅의 아기'라고 불렀다. 처음에는 그의 주

에티오피아 오모 강 유역

세계적으로 유명한
화석 산지. 1967년
국제 탐사단이 이곳에서
100톤이 넘는 화석뼈를
발굴했다고 전해진다.

다섯째, 인간의 어금니들은
마모 초기부터 닳아서 평평한
면을 이루고 있다. 반면 유인
원의 어금니들은 평평하게 마
모되지 않은 높은 교두를 갖고
있다.

이 외에도 더 전문적인 차
이들이 있지만 이 정도면 턱
뼈만 보고도 인간의 것인지
유인원의 것인지를 알 수 있
다. 만약 유인원과 인간의 특
징을 동시에 갖고 있는 턱뼈
를 발견하게 된다면? 그건 엄
청난 보물을 발견한 것이니
충분히 기뻐해도 좋을 것이다.

장을 의심하는 사람들이 더 많았다. 잘해야 로버트 블룸이나 솔라스 같은 소수의 사람만이 이 인류의 조상을 인정했고, 당시에 가장 큰 영향력을 갖고 있었던 케이스와 대부분의 사람들은 타웅의 아기를 침팬지나 고릴라 새끼로 여겼다. 케이스는 당시 가장 관심의 대상이었던 유인원 이빨에 사람 두개골을 가진 필트다운인에 몰두해 있었기 때문에, 그와 정반대로 사람 이빨과 사람에 비해 아주 작은 두개골을 가진 타웅의 아기가 인류의 조상이라는 주장에 동조할 수 없었다.

더구나 고작 두개골 하나를 가지고 직립 보행까지 주장하는 다트의 입장은 쉽게 받아들여지지 않았다. 그나마 그 두개골마저 완전히 발달하지 않은 어린아이의 화석이었기 때문에 그것만으로 유인원과 인류를 연결하는 오스트랄로피테쿠스의 존재를 확실히 하는 데는 어려움이 클 수밖에 없었다. 타웅의 아기는 오랫동안 사람들의 머릿속에서 잊혀지는 듯이 보였다.

다행히 1938년 로버트 블룸이 남아프리카의 스터크폰테인과 스와르트크란스에서 척추골 하나와 몇 점의 골반뼈를 발견함으로써 다트 교수의 이론은 탄탄한 증거를 얻게 되었다. 아프리카가 고인류학 연구의 새로운 메카로 자리매김하는 순간이었다. 후에 오스트랄로피테쿠스 로부스투스로 명명된 이 어른 오스트랄로피테쿠스는 직립 보행을 했음을 분명히 보여주고 있다.

다트 교수가 '타웅의 아기'에게 붙여주었던 이름 오스트랄로피테쿠스 아프리카누스(Australopithecus africanus : 아프리카 남쪽 유인원)도 정식 학명으로 인정받게 되었다. 타웅의 아기는 다트 교수가 짐작했던 100만 년 전보다 훨씬 오래 전인 대략 200만 년 전에서 300만 년 전 사이에 아프리카에서 살았던 것으로 추정된다. 타웅의 아기는 아프리카에서 최초로 발견된 인류 화석으로서 인류의 조상이 아프리카에서 나왔으리라는 찰스 다윈의 탁월한 예언을 입증한 셈이 되었다.

이후에도 아프리카는 수많은 인류의 화석을 토해냈다. 특히 그레이트 리프트 밸리 동쪽은 거대한 호수들이 띠처럼 둘러싸고 있고 수천 미터의 퇴적층이 쌓여 있어 화석이 만들어지기에 최적의 환경을 제공하고 있다. 특히 에티오피아의 오모 강 유역은 지층이 마치 펼쳐놓은 책장처럼 되어 있는 아주 유명한 화석 산지이다. 1967년 오모 강 유역을 탐사한 국제 탐사단은 100톤이 넘는 화석뼈를 발굴했다고 전해진다. 이곳에는 지금도 수많은 학자들이 모여 연구를 계속하고 있다.

인류 최초의 여인, 루시

루시는 약 320만 년 전에 아프리카에서 살았던, 지금까지 발견된 최초의 여성이다. 오스트랄로피테쿠스 아파렌시스라 정식으로 명명된 이 여인은 대략 25세 정도로 키는 약 107cm, 몸무게는 28kg 정도이며 관절염을 앓았던 것으로 추정된다. 지금의 성인 여성과 비교해 무척 작은 몸집을 갖고 있는 셈이다.

지금까지 발견된 화석 유골 중 가장 완벽한 상태를 보여주고 있는 이 루시를 발견한 행운의 사나이는 도널드 요한슨이었다. 스웨덴에서 미국으로 이민 온 부모 밑에서 태어난 요한슨은 아버지가 일찍 돌아가시는 바람에 어려운 유년 시절을 보내야 했다. 그러다 인류학자인 플레서라는 대부를 만난 것이 그의 인생을 바꾸어놓았다.

자식이 없었던 플레서는 요한슨을 무척 귀여워하며 인류학에 대한 많은 지식을 전해주었다. 요한슨은 나중에 시카고 대학에서 클라크 하웰이라는 유명한 인류학자를 만나 인류학에 대한 그의 지식을 한층 성숙시킬 수 있었다.

1974년, 당시 대학원생이었던 요한슨은 어렵게 연구비를 후원받아 에티오피아 하다르에서 인류 화석 발굴을 시작했다. 하지만 화석은 쉽

도널드 요한슨

화석 발굴에 정열을 바친 그는 루시의 뼈를 발견한 이후 일약 고인류학의 스타가 되었다.

사리 발견되지 않았고 연구비는 바닥나기 시작했다. 돈이 다 떨어져 발굴을 포기하고 돌아가려 할 때쯤 요한슨은 강한 이끌림에 끌려 화석 발굴지로 나갔다. 거의 마지막이라는 것을 알고 있었지만 왠지 좋은 일이 있을 것 같은 예감이 들었다고 그는 나중에 고백했다.

기적처럼 아주 오래된 화석 유골이 그의 눈에 들어왔다. 하나가 아니었다. 아무것도 없는 것처럼 보이던 골짜기에서 팔뼈 하나가 보이기 시작하더니 그 옆에서 잇달아 두개골 조각, 대퇴골 조각, 척추, 골반뼈들이 드러났다. 마치 갑자기 산삼밭을 발견한 심마니처럼 요한슨과 그의 동료는 흥분하지 않을 수 없었다.

요한슨의 머릿속에 혹시 이것이 한 사람의 뼈대가 아닐까 하는 생각이 들었다. 한 발굴 장소에서 두세 개의 골격이 발견되는 경우는 있어도 그것이 분명히 한 사람의 것인 경우는 무척 드물었다. 3주간이나 계속된 발굴을 통해 한 사람 전체 골격의 약 40%에 해당하는 수백 개의 뼛조각들이 발굴되었다. 요한슨이 처음 짐작한 대로 똑같은 뼛조각은 단 한 개도 나타나지 않았다. 이처럼 완전한 골격이 발견된 경우는 분명 처음

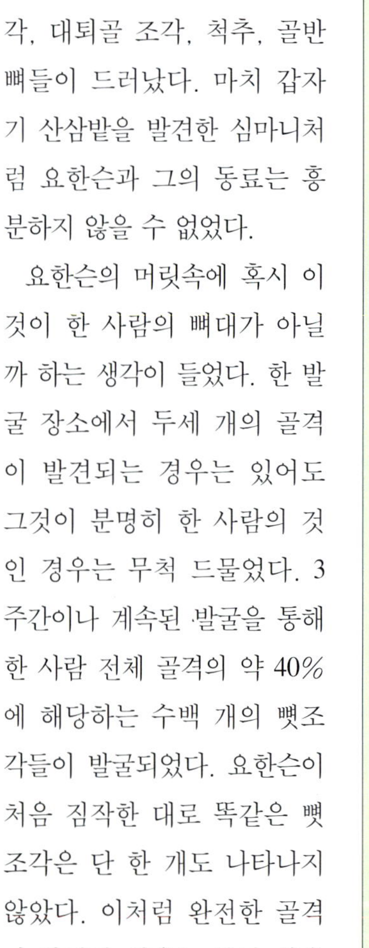

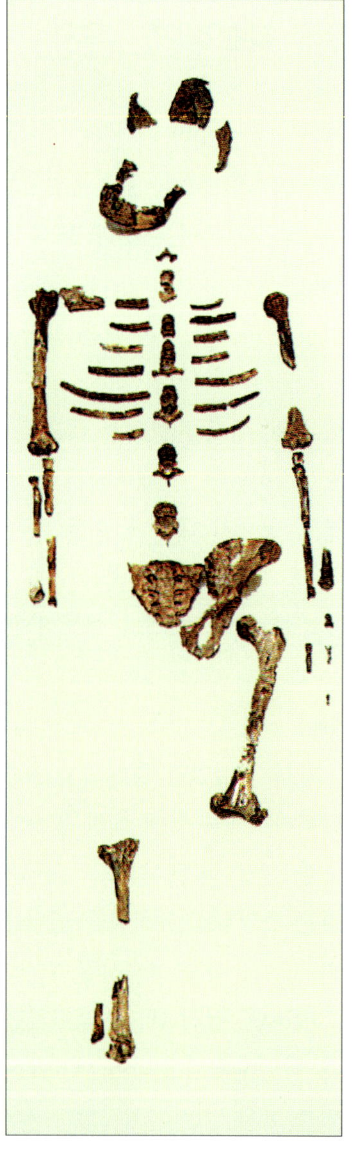

에티오피아의 아파르 삼각지대에서 루시의 뼈 40% 정도가 발견되었다.

이었다.

캠프는 축제 분위기 그 자체였다. 발굴에 참가했던 사람들은 흥분하여 밤새 떠들며 맥주를 마셔댔다. 마침 라디오에서는 비틀즈의 노래 〈다이아몬드와 함께 공중에 떠 있는 루시(Lucy in the sky with diamonds)〉가 흘러나오고 있었다. 누가 시작했는지는 모르지만 이 화석에는 루시라는 애칭이 붙었다. 정확한 식별 번호는 AL288-1이었지만 모든 사람들이 이 화석 인류를 루시라고 불렀다.

루시는 거의 완벽한 유골을 보존하고 있었는데 그 골반은 머리가 큰 아이를 낳을 수 있도록 남자보다 골반구가 컸다. 루시가 여자임을 알 수 있는 증거였다. 그녀의 무릎뼈를 통해 인류가 아주 오랜 선사 시대부터 직립 보행을 했음을 분명히 알 수 있었다. 루시는 분명히 직립 보행을 한 호미니드였지만 다 자랐음에도 불구하고 키가 무척 작았고, 지금까지 발견된 그 어떤 화석 인류와도 달랐다.

루시의 보존 상태가 이렇게 양호한 것은 그녀가 육식 동물의 공격을 받아 죽은 것이 아니며 죽어서도 공격을 받은 일이 없었기 때문이다. 루시 본인에게나 후손들에게나 무척 운이 좋은 일이 아닐 수 없

루시의 재구성 그림

오스트랄로피테쿠스 아파렌시스를 대표하는 인류 최초의 여인 루시는 직립 보행의 결정적인 증거가 되었다.

다. 게다가 하다르 지역은 한 번 비가 오면 엄청난 폭우가 쏟아져내리는데 숲이나 나무가 거의 없기 때문에 많은 양의 지층이 쓸려 내려가버린다. 만약 요한슨이 몇 년 일찍 그곳에 왔다면 루시의 발견에 대한 명예는 다른 사람에게 돌아갔을 것이고, 몇 년 늦게 왔다면 그 뼈가 비에 모두 씻겨내려가 뿔뿔이 흩어져버려 루시는 인류 최초의 여인이 될 수 없었을지도 모른다.

어쨌든 요한슨은 이 발견으로 일약 고인류학의 스타가 되어 많은 후원금을 받아낼 수 있었다. 그 자금을 바탕으로 요한슨은 1975년에 오스트랄로피테쿠스 아파렌시스가 13명이나 모여 있는 화석군을 발견했다. 성인 아홉 명과 어린이 네 명으로 이루어진 '인류 최초의 가족'인 셈이었다.

그는 연구를 계속하여 1986년에는 탄자니아 올두바이에서 180만 년 전에 살았던 호모 하빌리스를 발견하기도 했다. 요한슨은 고인류학 연구에 있어 아주 천재적인 학자이거나 아주 운이 좋은 학자임에 틀림없다.

고인류학의 명가, 리키 가족

루이스 리키

루이스 리키는 그의 아내 메리 리키, 아들 리처드와 함께 고인류학의 명가를 이루었다.

1913년 런던에서 태어난 메리 니콜은 탁월한 그림 솜씨로 유적 발굴과 인연을 맺었다. 비록 정규 교육을 받지는 못했지만 그녀는 영국의 신석기 유적 발굴에 참여해 고고학 유물을 복사하듯 그려냈던 것이다. 이 일을 시작으로 1933년 탄자니아 유적 발굴 팀에 참여한 메리는 아프리카에서 유명한 고인류학자 루이스 리키를 만나게 되었다.

케냐에서 영국 선교사의 아들로 태어난 루이스 리키는 영어보다 케냐 키쿠유족의 말을 먼저 배울 정도였다고 한다. 그곳 원주민들은 루이스 리키를 얼굴이 흰 흑인이라고 불렀다. 영국 케임브리지 대학에서 공부를 마치고 곧바로 아프리카로 돌아

와 고고학을 연구하던 루이스 리키는 가정 생활
이 평탄하지 못해 아내와 별거중이었다. 아프
리카에서 만난 루이스 리키와 메리 니콜은
둘 다 고고학에 관심이 있었고, 같은 관심
을 공유한 두 사람은 곧 사랑에 빠지고 말
았다. 결국 1936년 집안의 반대를 무릅쓰
고 두 사람이 결혼함으로써 리키 가족이라
는 고인류학의 명가가 탄생하게 되었다.

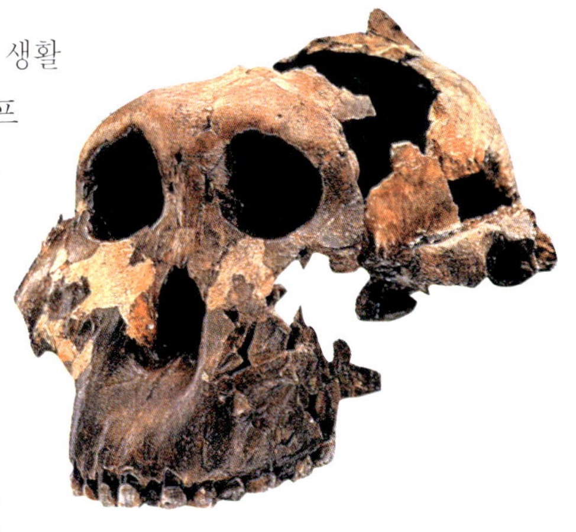

먼저 연구에 빛을 발한 것은 아내 메리 리
키였다. 그녀는 1947년에 유인원과 초기 인류의 공동 조상으로
서 좀더 유인원 쪽에 가까운 프로콘술 아프리카누스의 두개골을
발견했으며, 1959년에는 '진지'라는 이름의 오스트랄로피테쿠스
보이세이 화석을 최초로 발견했다.

'진지'는 아랍어로 동아프리카라는 뜻인데, 탄자니아 올두바이
계곡에서 최초로 발견된 이 보이세이 화석은 큰 어금니를 갖고
있어 '호두 까는 사람'이란 별명을 얻었다. 진지는 180만 년 전
에 살았던 화석 인류로, 그녀가 그때까지 발견한 화석 중 가장
연대가 확실한 것이었다.

메리 리키가 탄자니아
올두바이에서 발견한
보이세이 화석.
큰 어금니를 갖고 있어
호두 까는 사람이라는
별명을 얻었다.

메리는 남편 루이스 리키가 사망한 후에도 연구를 계속하여
1978년에는 탄자니아 라에톨리에서 아파렌시스의 발자국 화석
을 발견했다. 이때 그녀의 나이 이미 66세였다. 평행하게 이어지
는 두 줄의 발자국은 나란히 걸어간 두 사람의 것이었는데, 연구
결과 그중 한 사람은 키가 155cm 정도이며 다른 한 사람은
120cm 이하인 것으로 추정되었다. 이 두 사람은 완벽하게 직립
보행을 하고 있었다.

아파렌시스 발자국

370만 년 전 두 호미니드
발자국의 화석.
인류의 완전한 직립 보행을
증명하는 것이었다.

노년에도 지치지 않는 연구혼을 보여준 메리 리키는 평생을
아프리카에 남아 인류의 기원을 밝히는 데 전념하다가 1996년
12월 84세를 일기로 생을 마쳤다.

남편 루이스 리키는 처음에는 별 성과를 거두지 못했으나
1962년 탄자니아 올두바이 계곡에서 호모 하빌리스 화석을 최

초로 발견하였다. 처음 호모 하빌리스의 유골이 발견되었을 때는 많은 사람들이 의문을 제기했다. 그러다 1972년 그의 둘째 아들 리처드 리키가 케냐 쿠비포라에서 완벽한 호모 하빌리스(KMN-ER1470) 화석을 발견함으로써 그 의문은 완전히 씻어졌다. 새로운 호모 하빌리스 역시 부서진 뼛조각들이 너무 많아 누구도 쉽게 복원을 할 수 없었다. 이 복잡한 퍼즐을 완벽하게 맞추어낸 것은 리처드의 아내인 미브였다. 아들 내외의 도움으로 호모 하빌리스의 존재가 입증되는 것을 보고 나서 루이스 리키는 1972년 행복하게 눈을 감았다.

리처드 리키는 1944년 케냐 나이로비에서 루이스와 메리 사이에서 태어났다. 그는 처음에 꽤 부모 속을 썩이는 자식이었던 모양이다. 인류학을 공부하라는 아버지의 권유를 뿌리치고 대학에 가는 대신 사냥 안내원이 되었던 것이다. 그러나 어려서부터 뼈 화석을 만지작거리는 분위기에 자신도 모르게 젖어 있었던 리처드는 결국 고인류학자의 길을 가게 된다.

리처드는 아버지의 권유에 따라 프랑스가 에티오피아 오모 강

유역에서 인류 화석을 조사할 때 케냐 팀을 이끌었다. 23세의 젊은 나이에도 불구하고 그는 부모에게 배운 고고학적 지식과 타고난 감각을 동원해 천재적인 능력을 유감없이 발휘하기 시작했다. 그가 탐사한 쿠비포라에서는 230명의 화석에 해당하는 400여 개의 인류 화석이 발견되었다고 한다.

최초의 호모, 호모 하빌리스

오스트랄로피테쿠스와 호모를 연결하는 최초의 호모 인류는 호모 하빌리스이다. 1964년 탄자니아 올두바이 계곡에서 이 새로운 화석 유골을 처음으로 발견한 루이스 리키는 이 화석에 재주 있는 사람이라는 뜻의 호모 하빌리스라는 이름을 지어주었다.

호모 하빌리스는 오스트랄로피테쿠스에 비해 몸집이 크고, 눈 위에 융기된 부분이 없어 얼굴이 평평하고, 어금니와 앞니가 더 작으며, 뇌의 용적도 800cm^{2}나 된다. 이것은 오스트랄로피테쿠스보다 45%나 큰 용량이다. 이것으로 보아 호모 하빌리스는 언어 구사를 가능하게 하는 신경 조직도 발달했을 것으로 추정된다. 이들의 손가락을 연구한 결과 호모 하빌리스는 물건을 쥐는 능력이 있어 석기도 사용할 수 있었던 것으로 밝혀졌다. 그들은 이미 돌을 두드려 박편석기를 만드는 기술도 습득하고 있었을 것이다.

본격적인 의미에서 최초의 인류라고 할 수 있는 호모 하빌리스는 후에 호모 에렉투스로 진화해나간 것으로 추정된다.

불을 사용한 호모 에렉투스

자바에서 발견되어 처음 그 모습을 드러낸 호모 에렉투스는 170만 년 전 케냐의 투르카나 호수 지역에서 발원한 것으로 추정된다. 그들 중 일부는 100만 년도 더 전에 아프리카를 떠나 아시아에 도달했을 것이다.

호모 에렉투스는 키가 약 170cm로 오늘날 인류와 비슷하지만, 뇌의 용량은 훨씬 작아서 775~1,250cm² 정도에 불과했다. 이들은 튼튼한 턱과 커다란 이빨을 갖고 있었으며 두개골에 특별한 구조물을 갖고 있었다.

거의 150만 년 동안 세계의 전역에 자리잡은 호모 에렉투스는 정교한 양면 석기를 만들었을 뿐 아니라 불을 사용했던 것으로 추정된다.

중국의 베이징 근처 저우커우뎬 동굴에서 발견된 유골과 유적에서 불을 피워서 생긴 두터운 재가 발견되었기 때문이다. 아마도 이들은 150만 년 전부터 불을 사용했던 것으로 생각된다. 처음에는 산불이나 번개와 같은 자연의 불에서 불씨를 얻었겠지만 호모 에렉투스들은 곧 인위적으로 불을 피우는 방법을 터득할 수 있었을 것이다.

불에 대한 공포를 이기고 불을 사용하면서 호모 에렉투스는 세계를 지배하게 되었다고 해도 과언이 아니다. 불은 인간을 어둠과 추위의 굴레에서 벗어나게 했고, 흉악한 동물들로부터 안전하게 해주었으며, 공동체를 이루어 생활하게 했던 것으로 추정된다. 인간다운 생활이 시작된 것이다.

호모 사피엔스 등장에 얽힌 비밀

현생 인류인 호모 사피엔스가 언제 어디에서 어떻게 호모 에렉투스에서 진화했는가 하는 문제는 유인원에서 오스트랄로피테쿠스로 진화한 고리를 연구하는 것보다 훨씬 더 베일에 싸여 있다. 다만 분명한 것은 이들이 흔히 네안데르탈인이라고 부르는 호모 네안데르탈렌시스와 현생 인류인 호모 사피엔스로 진화했다는 점이다.

적어도 서유럽에서는 네안데르탈인으로만 진화한 것으로 추정되는데, 이들의 해부학적 특성이 약 23만 년 전 유럽에 살던 인류에게서 나타나기 시작했다. 그들은 7만 년 전쯤에 전 유럽으로 퍼져나갔고 점차 부근과 중앙 아시아까지 전파되었다가 약 3만 5천 년 전에 갑자기 지구상에서 사라졌다. 그리고 유럽에는 크로마뇽인이라 불리는 오늘날 유럽 인종인 호모 사피엔스 사피엔스가 등장했다.

네안데르탈인들이 주로 살았던 시대는 마지막 빙하기였다. 서유럽에 살았던 네안데르탈인들은 그 때문에 혹한에서 비교적 온화한 날씨까지 다양한 기후 변화에 적응해야 했다. 발견된 유골을 살펴보면 그들은 몸집이 작고 뚱뚱하며 다리가 짧았다. 코는 오똑하였고 턱뼈는 안으로 들어갔으며 위로 융기된 뼈에 눈썹이 바싹 붙어 있었다.

그들은 유난히 강인한 근육과 튼튼한 골격을 갖고 있었기 때문에 종종 싸움에 능한 잔인한 원시인으로 묘사된다. 그러나 최근의 계속된 연구에 따르면 네안데르탈인은 현재의 유럽 인종과 비교해 그렇게 낯선 원시인의 모습을 하고 있지는 않았다고 한다. 또한 그들은 이미 시체를 매장하는 풍습을 갖고 있었고 무덤에는 꽃을 갖다놓은 흔적도 보인다. 때로 인육을 먹은 것으로 보이는 흔적이 발견되는데, 소설가의 창작 욕구를 자극하는 부분임에는 틀림없지만 아직 분명한 증거가 나타난 것은 아니다.

그들은 다양한 도구를 갖고 있었는데 박편석기를 다듬어 바늘이나 깎는 도구도 만들 수 있었다. 뇌의 용량도 현대인을 능가하는 경우도 있을 만큼 발전해 있었기 때문에 그들의 사회와 문화 수준은 우리가 상상하는 이상일지도 모른다.

네안데르탈과 분리되어 현생 인류로 진화한 호모 사피엔스는 유럽을 제외한 지역에서 발견되는데, 진원지는 역시 아프리카로 약 10만 년 전의 일로 추정된다. 가장 오래된 현생 인류의 유골은 갈릴리 지방의 나사렛 근처 카프제 동굴에서 발견되었는데 이곳에 묻혀 있는 어른과 아이의 유골은 일부러 매장한 것이 분명했다. 이들은 유럽의 크로마뇽인들과 비슷한 점이 아주 많았다. 호모 사피엔스는 곧 아시아로 진출했고, 그 후 약 4만 년 전에는 유럽으로 건너가 네안데르탈인과 한동안 공존했던 것으로 추정된다.

3만 5천 년 전 유럽에서 갑자기 네안데르탈인들이 사라졌다. 반면 호모 사피엔스는 보다 진화한 호모 사피엔스 사피엔스로 발달했다. 그후로 현재까지 유럽에 살고 있는 유럽 인종은 이들 호모 사피엔스 사피엔스로서 분명 네안데르탈인과 다른 해부학적 특성을 지니고 있다. 이들은 아주 높은 수준의 문화를 갖고 있었으며 다양하고 힘이 넘치는 동굴 벽화를 남겼다. 발견되는 도구들도 네안데르탈인들의 것과는 다른 것이다. 도대체 무슨 일이 일어난 것일까?

과학자들은 생물학적이고 문화적인 변화를 근거로 네안데르탈인들이 동쪽에서 진출한 현생 인류로 대체되었다고 생각한다. 이 침략자들은 이마가 높은 진화된 두개골에 턱뼈가 두드러지고 턱이 튀어나온 얼굴을 하고 있었다. 그렇

네안데르탈인 초상화

최근 계속된 연구에 의하면 네안데르탈인은 현재의 유럽 인종과 비교해 그렇게 낯선 원시인의 모습을 하고 있지는 않았다고 한다.

다면 현생 인류가 네안데르탈인을 모두 몰살시켰을까? 아니면 두 종이 섞이면서 새로운 인종이 되었을까?

네안데르탈인은 모두 어디로 사라졌을까?

3만 5천 년 전 유럽에서는 갑자기 네안데르탈인이 모두 사라지고 지금의 유럽 인종인 호모 사피엔스 사피엔스가 나타났다. 도대체 무슨 일이 있었던 것일까? 당시의 상황을 이해하기 위해서는 좀더 많은 자료와 풍부한 상상력이 필요할지도 모른다.

최근의 일부 학자들은 네안데르탈인과 현생 인류인 호모 사피엔스는 사람과 원숭이만큼이나 차이가 있어서 서로 교배할 수 없었다고 주장한다. 만약 네안데르탈인과 호모 사피엔스라는 전혀 다른 두 종족이 같은 시대에 공존했다면, 심지어 인육을 먹는 이들이 정말로 서로 교배하여 자식도 낳을 수 없는 다른 두 종족이었다면, 이 두 종족이 만나게 되었을 때 이 두 종족 사이에는 어떤 일이 있었을까? 백인과 아프리카 원주민보다도 더 큰 거리감을 느꼈을 이 두 종족 사이에 과연 평화가 존재할 수 있었을까? 침략자가 호모 사피엔스라면 이들과 네안데르탈인 사이에는 어떤 일이 있었을까? 두 종족 사이에 엄청난 대전쟁이 일어나 네안데르탈인이 전부 죽고 말았을까? 현대인에 가까운 두뇌 용량을 갖고 있었고 나름대로 문화와 사회를 구축했으며 튼튼한 근육을 갖고 있어 싸움에 능하고 무자비했을 것으로 추정되는 네안데르탈인이 그렇게 쉽게 몰살당할 수 있었을까? 네안데르탈인과 현생 인류 사이의 관계는 여전히 수수께끼가 아닐 수 없다. 어떤 소설에 의하면 호모 사피엔스는 속임수를 쓸 줄 알았기 때문에 네안데르탈인을 몰살시킬 수 있었다고 하지만 말이다.

이상한 것은 특히 유럽을 중심으로 한 선진국의 고인류학 연구가 네안데르탈인이 현생 유럽 인종과 아무런 상관이 없다는 쪽

복원된 네안데르탈인

유난히 강인한 근육과 튼튼한 골격을 갖고 있기 때문에 싸움에 능한 강인한 원시인으로 묘사되기도 한다.

으로 이루어지고 있다는 것이다. 네안데르탈인은 호모 에렉투스 때 이미 독자적으로 분리되어 진화하다가 어느 날 갑자기 사라져버렸다거나 현생 인류인 호모 사피엔스의 공격으로 몰살당했다는 식으로 말이다. 하지만 네안데르탈인이 어떻게 몰살되었는지에 대해서는 아무런 연구가 되고 있지 않다. 중생대 백악기 말에 공룡이 멸종한 이유조차 밝혀지고 있는 작금의 상황에서, 네안데르탈인이 어떻게 왜 멸종했는가는 관심 밖의 일이고 오로지 네안데르탈인이 현생의 유럽 인종에 아무런 영향도 미치지 않았다는 연구만이 집중적으로 이루어지고 있는 셈이다.

일부에서 네안데르탈인과 호모 사피엔스가 섞여 현재의 유럽 인종이 되었다는 주장을 조심스럽게 펴고 있지만 대부분의 유럽 사람들은 이 이론에 신경질적인 반응을 보이고 있다. 네안데르탈인이 갖고 있는 무자비한 폭력성이 자신들에게 유전되고 있다는 사실을 받아들이고 싶지 않은 것일까? 아니면 우월한 혈통을 자랑하는 백인 우월자들이 자신들이 혼혈종이라는 사실을 용납하고 싶지 않아서일까?

인류 진화 가계도

고인류학의 진전은 인류의 기원을 오스트랄로피테쿠스로 보느냐 호모로 보느냐 하는 문제를 제기하고 있다. 지금까지는 오스트랄로피테쿠스의 한 종이 인류의 직접 조상이라는 가설이 가장 큰 지지를 받고 있지만 가설은 언제든지 뒤바뀔 수 있는 것이 현실이다. 보통 고인류학에서는 오스트랄로피테쿠스속과 호모속을 합쳐 호미니드라고 부르는데, 호미니드는 고릴라나 침팬지 같은 다른 영장류와 달리 두 발로 걸으며 두개골이 크고 어금니에 에나멜이 덮여 있다. 이러한 호미니드의 진화 가계도는 인류의 진화 단계를 보여주는 중요한 지표가 되겠지만 아직 확실하게 통일된 것이 없다. 여기서는 요한슨의 가계도를 바탕으로 인류 진화의 흔적을 살펴보기로 하자.

오스트랄로피테쿠스

호모보다 앞선 시기의 호미니드인 오스트랄로피테쿠스는 약 500만 년 전에서 100만 년 사이에 아프리카에서 살았던 것으로 추정된다. 이들은 분명 유인원이 아니었으나 최초의 발견자인 다트 교수의 주장에 따라 '남쪽 유인원'이라는 뜻의 '오스트랄로피테쿠스'라고 불리게 되었다. 호모가 본격적인 의미의 인류라면 오스트랄로피테쿠스에 속하는 호미니드들은 인류와 유인원을 연결하는 중간자 정도라고 할 수 있겠다.

오스트랄로피테쿠스속에는 일곱 개의 종이 있는데 이에 속하는 모든 화석 인류를 오스트랄로피테신(Australopithecine)이라고 부른다. 이들을 생존 시기에 따라 정리하면 다음과 같다.

- 오스트랄로피테쿠스 라미두스(Australopithecus ramidus) : 약 440만 년 전의 호미니드. 1992년 에티오피아 아라미스에서 팀 화이트 등이 발견함. 이족 보행을 한 가장 오래된 호미니드.

- 오스트랄로피테쿠스 아나멘시스(Australopithecus anamensis) : 약 420~390만 년 전의 호미니드. 1965년 케냐 카나포이에서 브리안 패터슨이 처음 발견. 직립 보행을 했음.

- 오스트랄로피테쿠스 아파렌시스 (Australopithecus afarensis) : 약 390~300만 년 전의 호미니드. 1974년 에티오피아 하다르에서 요한슨이 처음 발견.

- 오스트랄로피테쿠스 아프리카누스(Australopithecus africanus) : 약 300~200만 년 전의 호미니드. 1924년 남아

프리카 타웅에서 레이먼드 다트가 처음 발견.

• 오스트랄로피테쿠스 에티오피쿠스(Australopithecus aethio-picus) : 약 250만 년 전의 호미니드. 1985년 케냐 서투르카나에서 알랜 워커가 발견.

• 오스트랄로피테쿠스 보이세이(Australopithecus boisei) : 약 180만 년 전의 호미니드. 1959년 탄자니아 올두바이에서 메리 리키가 처음 발견.

• 오스트랄로피테쿠스 로부스투스(Australopithecus robustus) : 약 200~100만 년 전의 호미니드. 1938년 남아프리카 스터크폰테인에서 로버트 블룸이 처음 발견.

오스트랄로피테쿠스는 크게 호리호리한(gracile) 부류와 건장한(robust) 부류로 나누어진다. 호리호리한 부류에 속하는 것에는 초기 오스트랄로피테신인 오스트랄로피테쿠스 라미두스와 아파렌시스, 아프리카누스가 있다. 그리고 후기에 속하는 오스트랄로피테쿠스 에티오피쿠스와 보이세이, 로부스투스는 건장한 부류에 속한다.

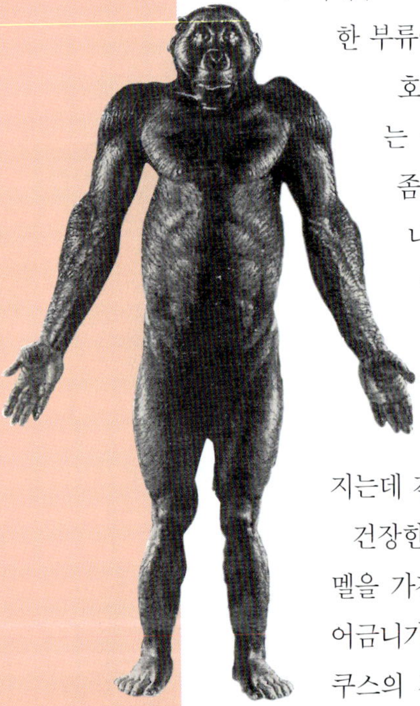

호리호리한 부류에 속하는 오스트랄로피테쿠스는 푹 꺼졌다가 앞으로 돌출한 얼굴에 눈 위가 좀 튀어나왔으며 커다란 어금니가 있었다. 그러나 턱은 없었으며 뇌 용적은 약 500cm² 정도로 현대인의 1,400cm²에 비하면 보잘것없었다. 이미 직립 보행을 한 것은 분명하나 여전히 나무 타는 능력도 갖고 있었을 것으로 추정된다. 이들은 잡식성이었던 것으로 여겨지는데 건장한 부류보다 몸집이 작았다.

건장한 부류의 오스트랄로피테쿠스는 두꺼운 에나멜을 가진 이빨과 강력한 턱에 의해 움직이는 커다란 어금니가 있었다. 호리호리한 부류의 오스트랄로피테쿠스의 경우 얼굴이 앞으로 튀어나온 경향이 심했으

오스트랄로피테쿠스
보이세이

나 건장한 부류로 가면서 차츰 평평해진다. 이들의 뇌 용적은
약 550cm² 정도였는데 오직 채식만을 했으며 남성이 여성보
다 훨씬 몸집이 컸다.

가장 오래된 것으로 보이는 것은 오스트랄로피테쿠스 라
미두스이지만 이들은 유인원과 많이 비슷하여 과연 진짜
인류의 조상인가 하는 점에서 이견이 분분한 상태이
다. 최근 들어 확실한 인류의 조상으로 인정받고 있
는 것은 오스트랄로피테쿠스 아나멘시스이다. 이
화석 인류는 1965년 케냐 카나포이에서 브리안 패터
슨이 최초로 발견했다. 직립 보행을 했던 것이 확실하며 팔뼈
는 인간과 유사하지만 이빨은 유인원에 가깝다.

루시로 알려진 오스트랄로피테쿠스 아파렌시스는 도널드
요한슨에 의해 1974년에 발견된 여자 화석 인류로, 인간의
이족 보행을 증명해주었다. 1975년엔 아파렌시스의 가족 화석도
발견되었으며 1976년 탄자니아 라에톨리에서 발자국 화석도 발
견되었다. 이들이 후에 호모로 진화한 것으로 추정된다.

레이먼드 다트에 의해 1924년에 남아프리카공화국에서 발견된
오스트랄로피테쿠스 아프리카누스는 타웅의 아이로 불린다. 또
한 로버트 블룸이 남아공 스터크폰테인에서 발견한 화석 인류도
아프리카누스이다. 이들은 건장한 부류의 이빨과 턱의 구조를 갖
고 있으나 잡식성이었던 것으로 추정된다.

1985년 케냐의 서투르카나에서 발견된 오스트랄로피테쿠스 에
티오피쿠스는 아프리카누스보다 더 건장해 보이는 얼굴과 큰 이
빨을 갖고 있다. 이들의 얼굴은 아파렌시스를 닮았지만 보이세이
의 조상으로 추정된다.

1959년에 메리 리키가 발견한 오스트랄로피테쿠스 보이세이는
탄자니아 올두바이 계곡에서 발굴되었다. '진지'라고도 불리는
이들 역시 원시적인 머리뼈와 커다란 어금니를 갖고 있었다.

오스트랄로피테쿠스 로부스투스는 1938년 스코틀랜드인 의사
로버트 블룸에 의해 발견되었다. 구체적으로 이야기하면 이 화석

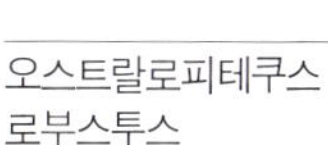

오스트랄로피테쿠스
로부스투스

을 발견한 것은 당시 남아공 채석장 부근에 살던 어린 소년이었
으나 블룸이 그것을 사들였던 것이다. 아프리카누스를 발견한 적
도 있었던 블룸은 아프리카누스보다 체격도 크고 턱도 더 무겁
고 튼튼하며 이빨도 더 큰 이 화석 인류에게 '튼튼하고 사람에
가까운 사람'이라는 뜻의 파란트로푸스 로부스투스(Paranthropus
robustus)라는 이름을 지어 주었다. 로부스투스는 완전한 초식성
이었던 것으로 추정된다.

　오스트랄로피테쿠스들이 위와 같은 순서로 차례로 진화했다고
는 볼 수 없다. 어느 것을 특징으로 잡느냐에 따라 가계도는 전
부 달라지기 때문이다. 이들 중 일부는 서로 분리되어 한때 공존
하기도 했던 것으로 추정된다. 지금 상태에서 비교적 확실하게
말할 수 있는 것은 아파렌시스가 인류의 직접적인 조상이 되었
다는 것뿐이다.

호모

오스트랄로피테쿠스에 비해 늦은 시기의 호미니드인 호모속은
대략 250만 년 전에 등장한 종에서부터 현재 지구상에 살고 있
는 현생 인류까지를 포함한다. 호모야말로 본격적인 의미의 인류
라고 할 수 있다. 호모(Homo)라는 말은 1758년 카를로스 린네
가 살아 있는 인류를 분류하기 위해 처음 사용한 말이라고 한다.

　흔히 사람들은 호모가 오스트랄로피테쿠스의 후손이기 때문에
오스트랄로피테쿠스가 멸종한 후에 호모가 등장했다고 생각하지
만 사실은 그렇지 않다. 오스트랄로피테신이 지상에서 완전히 사
라진 것은 약 100만 년 전의 일이고 호모가 처음 등장한 것은 약
250만 년 전의 일이기 때문이다. 호모가 오스트랄로피테쿠스 아
파렌시스에서 진화해 나온 것이 사실이라고 해도 이 두 호미니
드는 약 150만 년 동안 이웃 사촌으로 함께 지상에 공존했던 것
으로 추정된다.

　호모에 속하는 호미니드들은 오스트랄로피테쿠스와 해부학적
으로 많은 차이점이 있다. 키와 몸무게가 차츰 증가했으며 남녀

의 성 차이에 따른 몸집의 차이도 줄어들었다. 이빨을 포함해 음식을 씹는 머리뼈의 구조도 축소되었으며 몸의 근육도 축소되고 머리뼈는 얇아졌다.

　현생 인류로 갈수록 눈두덩은 현저히 줄어들었으며 이빨과 턱도 줄어들고 얼굴이 수직으로 평평해졌다. 덕분에 코가 앞으로 튀어나왔으며 턱끝이 얇게 발달했다. 현생 인류로 들어서면서 두뇌가 커짐으로 해서 문화와 언어를 가질 수 있었던 것이 호모의 가장 큰 특징이라고 할 수 있다.

　호모속에도 구체적으로 일곱 개 종이 포함된다고 하는데 가장 많이 알려진 종류는 다음과 같다.

● 호모 하빌리스(Homo habilis) : 약 190~160만 년 전의 호미니드. 1960년 탄자니아 올두바이 계곡에서 리키 가족에 의해 발견됨.

호모 가계도

좌측부터 호모 하빌리스,
호모 에렉투스,
호모 사피엔스,
호모 네안데르탈렌시스.

- 호모 에렉투스(Homo erectus) : 약 120~40만 년 전의 호미니드. 1893년 자바에서 외젠 뒤부아가 처음 발견.
- 호모 사피엔스(Homo sapiens) : 약 50~20만 년 전의 호미니드. 1907년 독일 하이델베르크에서 처음 발견되어 호모 하이델베르켄시스라고도 불린다.
- 호모 네안데르탈렌시스(Homo neanderthalensis) : 약 30~3만 5천 년 전의 호미니드. 1856년 독일 네안더 계곡에서 요한 플로트가 처음 발견.
- 호모 사피엔스 사피엔스(Homo sapiens sapiens) : 약 12만 년 전에 처음 출현한 것으로 추정되는 현생 인류. 약 4만 년 전에는 크로마뇽인이 등장하였는데 1868년 프랑스 크로마뇽에서 발견되었다.

오스트랄로피테쿠스 아파렌시스에서 호모로 진화가 이루어졌다는 것이 일반적인 학설이지만 아직까지 이 둘을 연결해줄 수 있는 중간 단계의 화석은 발견되지 않았다. 아직 알려지지 않은 이 중간 단계의 호모에서 도구를 사용한 호모 하빌리스로, 다시 직립 보행을 한 호모 에렉투스로, 또다시 현생 인류인 슬기로운 인간 호모 사피엔스로 진화했다는 것이 지금까지의 가장 전통적인 견해이다.

그러나 최근에는 새로운 이론이 고개를 들고 있다. 중간 단계의 호모에서 호모 루돌펜시스로, 다시 호모 에르가스터로 진화가 이루어졌으며, 호모 에르가스터가 호모 에렉투스와 호모 하이델베르켄시스의 공동 조상이 되었다는 것이다. 경우에 따라서는 먼저 호모 에렉투스로 진화한 뒤 다시 하이델베르켄시스로 진화했다는 주장도 있다. 이렇게 되면 호모 하빌리스는 호모 사피엔스의 등장에 별다른 영향을 미치지 않은 것이 된다.

해부학적으로 호모 하이델베르켄시스에서 네안데르탈렌시스와 사피엔스가 진화한 것은 분명한 사실인 것처럼 보이지만, 이 둘의 선후 관계를 살피는 것도 최근의 가장 큰 논쟁 중 하나이다.

네안데르탈렌시스와 호모 사피엔스가 결합하여 크로마뇽인과 같은 호모 사피엔스 사피엔스가 되었다는 주장이 있었지만, 최근에는 네안데르탈렌시스를 호모 사피엔스의 아종이 아닌 호모 네안데르탈렌시스로 구별해야 하며 이들이 호모 사피엔스에게 전혀 유전자를 전하지 못했다는 주장이 맞서고 있는 것이다. 유럽 선진국이 주도하는 최근의 연구는 후자를 지지하고 있다.

최근의 고인류학 연구

고인류학은 화석 유골을 발견하여 해부학적인 차이를 연구하던 이전의 단순 고고학에서 탈피하여 분자 생물학, 미토콘드리아를 분석하는 유전자 공학, 혈중 단백질의 구조 연구 등 과학적으로 더 미세한 부분까지 진출하고 있다. 이러한 진보는 고인류학을 보물찾기처럼 이루어지는 유골 발굴에 덜 의존하게 만들어주었으며, 오늘날 살아 있는 영장류와 인류를 통해 과거로 거슬러 올라가게 해준다. 덕분에 인류는 인간이 언제 유인원에서 갈라져나왔으며 다른 영장류와 얼마나 유전적으로 흡사한지를 알 수 있게 되었다. 또한 컴퓨터를 이용한 시뮬레이션과 두개골 단층 촬영을 통해 오래 전에 뼈만 남은 인류 조상의 생활을 재현해볼 수도 있다.

이러한 다양한 시도들은 인간이 스스로의 진화 과정을 알게 되는 날을 훨씬 앞당겨주었으며 인류 진화의 미래를 예측하는 데 도움을 주고 있다. 인류학의 연구가 각 민족의 이기심을 충족하는 수단에 그치지 않고 전세계 인류의 공감대를 형성하는 데 도움이 되길 바란다. 리처드 리키가 고인류학을 연구하면서 갖게 되었던 신념, "모든 인간은 피부 색깔에 관계없이 똑같다."는 진리의 공감대 말이다.

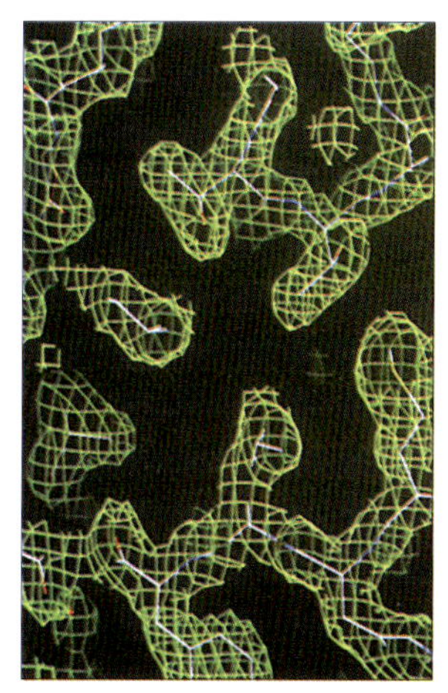

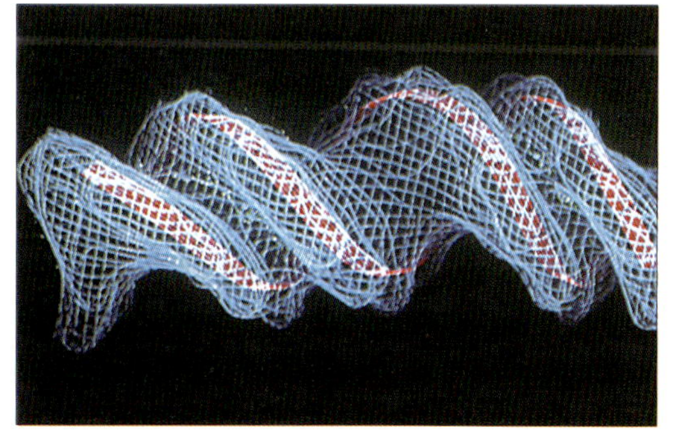

제6장

기후 이야기

인류를 위협했던 자연의 대재앙은
화산뿐만이 아니었다.
지구 환경을 엄청나게 바꾸어버리는
빙하기의 주기적인 도래는
끊임없이 인간을 단련시키는 혹독한
시련이었다. 인류는 지금도
기후와 환경을 극복하기 위해
수많은 노력을 기울이고 있다.

빙하의 시대

신생대는 흔히 빙하의 시대로 불린다. 특히 지난 100만 년 동안에는 10회에 걸친 대규모의 빙하기와 40여 회의 작은 빙하기가 있었던 것으로 추정된다. 마지막 대빙하기가 있었던 약 2만 년 전에는 지역에 따라 지금보다 20도나 온도가 낮은 곳도 있었다고 한다.

물론 그 이전에도 빙하기는 있었다. 동식물의 화석이나 암석에 남은 흔적, 퇴적암 속의 침적물이나 빙하 속에 남아 있는 기록으로 알 수 있는 가장 오래된 빙하기는 약 23억 년 전 선캄브리아기 중반에 있었으며, 고생대 동안에도 수십 회 이상 빙하기가 도래했었다.

중생대 기간에는 빙하 작용이 확실하게 나타나지 않는데, 이때는 육지와 바다가 모두 오랫동안 따스했던 것으로 추정된다. 특히 중생대 백악기에

는 해수면이 지금보다
100~200m나 더 높았
기 때문에 당연히 극
지방에 대빙원도 없었
을 것으로 생각된다.
유례없이 따스한 기간
이 오랫동안 계속된
것이다.

그런데 우리가 특별
히 신생대의 빙하에
관심을 갖는 이유는
무엇일까? 그것은 이
때에 이르러 지구상에 인류가 등장했기 때문이다. 인류의 조상이
진화와 번성을 계속하던 이 시기에 가장 큰 어려움은 바로 신생대
빙하기의 추위였을 것이다. 다행히 인류의 조상은 이 시련을 이기
고 살아남았을 뿐 아니라 빙하기 덕분에 인간이 될 수 있었다.

만약 빙하기가 와서 인류를 괴롭히지 않았다면 인간은 여전히
자연이 주는 혜택 속에서 편안하고 원시적인 생활을 계속하는
데 만족했을 것이다. 그러나 추위가 밀어닥치면서 인간, 특히 호
모 에렉투스들은 불을 사용하고 관리하는 능력을 키워 환경을
이용할 줄 알게 되었다. 추운 지역에서도 거주지를 만들 수 있게
된 것이다.

추위에 맞서 진화를 계속한 인류는 협력하여 일을 처리해야 했
으며 계획을 세워 생활하고 이동하는 법을 익혀야 했다. 공동체
의 생활은 언어의 발달을 이끌었고 계절에 따른 이동은 날짜를
세는 법까지 발달시켰다.

6만 5천 년 전까지 아직도 많은 부분이 빙하에 덮여 있을 때
지상에 살았던 네안데르탈인들은 추운 시기에도 잘 견딜 수 있
도록 육체를 적응시켰으며, 동굴이나 동물의 뼈와 가죽으로 만든
집에서 불을 사용하고, 돌로 도구를 만들었으며, 모피를 몸에 걸

동물 뼈와 가죽으로 만든 집

6만 5천 년 전 빙하에 덮여
있을 때 네안데르탈인들은
동굴이나 동물의 뼈와
가죽으로 만든 집에서
불을 사용하며
추위를 이겨냈다.

처 추위를 이겨냈다. 인간의 능력은 빙하기의 진전과 후퇴라는 기후 변화에 대응하여 발전한 셈이다. 자연의 도전이 인류 진화의 원동력이었던 것이다.

그러나 기후는 여전히 인류의 생존을 위협하는 가장 두려운 요소로 남아 있다. 약 700년 전 중세의 서유럽에 평균 온도가 1~2도 정도 낮아진 추운 시기가 있었다. 이 때문에 세계의 높은 산에 눈이 쌓이는 한계선이 100m 이상 밑으로 확장되었다. 소빙하기가 도래했던 것이다. 평균 기온이 고작 1~2도 떨어지는 정도가 사람에게 무슨 영향을 주느냐고 생각할지도 모른다. 그러나 이 빙하기 때문에 유럽에는 해일과 폭풍이 잦았으며, 겨울에 눈이 많이 오고 여름에도 날씨가 서늘하고 비가 많았다. 이 때문에 곡식이 익지 않아 밀값이 상승했으며, 기근과 질병으로 영국은 100년간 평균 수명이 10년이나 떨어졌다. 그럼에도 인류가 빙하기의 존재를 알게 된 것은 아주 최근의 일이다.

루이 아가시의 반란

스위스의 유명한 과학자인 루이 아가시는 30세의 젊은 나이에도

냉동인간

1991년 늦여름, 티롤 지방의 알프스 고산 지역을 여행하던 독일 여행자 한 쌍은 끔찍한 광경을 목격하게 되었다. 오래 전에 죽은 시체 하나가 녹고 있는 얼음 속에서 상체를 드러내고 누워 있는 것을 발견한 것이다. 처음에 이들은 이 시체가 오래 전에 이곳에서 길을 잃은 조난자의 것이라고 생각했다. 그러나 연구 결과 이 냉동인간은 놀랍게도 약 5,300년 전에 죽은 사람이었다.

시체와 함께 털외투, 풀로 짠 망토, 깃털로 된 신발, 부싯돌과 단검, 청동도끼, 나무로 만든 활과 화살 등이 발견되었다. 그는 후기 신석기와 청동기 시대에 살았던 선사 시대 사람으로, 25세 내지 35세 사이로 보였으며 키는 1.6m 정도였다. 사냥을 하다 길을 잃었을까? 추위 속에서 죽음을 맞이한 이 사람은 빙하 속에 갇혀 썩지도

불구하고 어류 화석의 권위자로 인정받은 사람이었다. 그는 1837년 스위스 자연과학협회의 강연에서 빙하와 빙하기에 대한 충격적인 이론을 발표했다. 스위스 주라 산맥의 기반암인 석회석 위에 그것과 아주 다른 화강암 바위가 여기저기 널려 있는

이유를 설명했던 것이다.

그의 주장대로라면 미아석이라 불리는 이 길을 잃은 바위는 빙하가 운반해놓은 것이었다. 주라 산맥의 기반암 위에 빙하가 스치고 지나가면서 할퀴어놓은 흔적이 이 주장을 뒷받침하고 있었다. 아가시는 놀라고 있는 청충들에게 과거에는 북극에서부터 지중해

않고 5천 년 이상을 얼어 있었던 것이다.

19세기 중반 이후 점차 빙하가 얇아지면서 모습을 드러낸 이 냉동인간은 고고학자들에게 참으로 고마운 조상이 아닐 수 없었다. 이를 통해 막연히 추측만 하던 석기 시대의 생활을 눈으로 직접 볼 수 있었기 때문이다.

눈 덮인 알프스 산맥

와 카스피 해 연안까지 얼음이 확장해 있었다고 설명했다.

이것은 당시로서는 아주 획기적인 생각이었다. 그 당시 사람들은 노아의 대홍수를 굳게 믿고 있었으며, 점토와 자갈로 구성된 빙하 퇴적물도 대홍수로 만들어진 것이라고 생각했다. 많은 과학자들은 대홍수를 증명할 수 있는 지질학적 증거를 찾는 데 몰두해 있었고 빙하기라는 성서에 전혀 없는 대사건을 불경스럽게까지 여겼다.

그러나 아가시는 포기하지 않고 다른 과학자들을 설득시켰다. 그중에는 공룡 화석 발굴에 공이 큰 영국인 성직자 윌리엄 버클랜드도 포함되어 있었다. 그는 아가시와 함께 빙하의 침식 증거를 실제로 눈으로 보고 흔들리지 않을 수 없었다. 성직자였음에

미아석

주라 산맥의 기반암인 석회석 위에 그것과 다른 화강암 바위가 놓여 있다. 이 길을 잃은 바위는 빙하가 운반해놓은 것이다.

도 불구하고 버클랜드는 대홍수로 세계의 모든 지형을 설명할 수 없다는 사실을 인정하고 말았다. 결국 버클랜드는 빙하설의 열렬한 지지자가 되었다.

시간이 지나면서 더 많은 사람들이 아가시를 지지하게 되었고 마침내는 하나의 진실이 편견을 뛰어넘게 되었다. 이제 빙하기의 존재를 의심하는 사람은 아무도 없다. 현재의 관심은 왜 빙하기가 도래하느냐 하는 것이다.

빙하기를 부르는 지구의 운동

날씨가 추워지는 빙하기와 날씨가 다시 따듯해지는 간빙기는 어

주라 산맥의 기반암

석회암의 기반암 위에
빙하가 스치고
지나가면서 할퀴어놓은
흔적이 보인다.

느 정도 주기적으로 반복되어왔다. 이러한 주기성을 결정짓는 원인이 무엇인가 하는 것은 오랫동안 기후학자들의 큰 연구 과제였다.

지구의 대기와 바다는 주로 태양에서 얻은 열에 의해 복잡한 시스템을 구성하고 있다. 만약 지구가 태양의 복사에만 전적으로 의지하고 있다면 적도는 항상 가열되고 극 지역은 계속 추워져야 한다. 그러나 해류와 바람의 흐름은 열을 열대에서 극으로 이동시키고 찬물과 찬 공기를 적도로 날라다준다. 그리하여 지구는 그 시스템을 계속 유지하고 있는 것이다.

그러나 지구의 기후 시스템 속에서 한 부분에 아주 작은 변화가 발생하면 지구 전체는 서로 상응하는 변화를 일으키게 된다. 만약 지구의 한 부분에 작은 냉각 현상이 발생하면 그 변화는 상승 작용을 일으켜 빙하기를 초래하는 데 불을 붙이고 만다. 결국 빙하기 연구의 핵심은 최초에 일어난 변화와 그 원인을 찾아내는 것이다.

빙하기의 도래에 천문학적인 원인을 처음으로 제시한 사람은 조세프 알폰스 아데마르라는 프랑스의 수학자였다. 그는 지구상에 4계절이 존재한다는 사실만으로도 지구의 기후가 지구의 궤도와 태양에 대한 지축의 각도 변화에 영향을 받는다는 것을 알 수 있다고 설명했다.

실제로 지구의 회전축이 태양 광선과 항상 직각을 이룬다면 지구상에는 계절이 존재하지 않을 것이다. 하지만 회전축이 23.5° 기울어져 있으며 지구가 태양 주위를 1년에 한 번 회전하기 때문에 남극과 북극은 교대로 태양 쪽으로 기울어졌다가 멀어진다. 아테마르는 이러한 지구의 천문학적인 운동의 변화가 빙하기의 원인이 된다고 주장했다. 비록 몇 가지 틀린 점은 있었지만 선구자적인 생각임에 틀림없었다.

이 주장을 보다 구체화시킨 사람은 19세기 중엽의 스코틀랜드 지질학자인 제임스 크롤(J. Croll)과 20세기 초반의 세르비아 천문학자인 밀루신 밀랑코비치(M. Milankovitch)이다. 제임스 크롤은 석공의 아들로 태어나 정규 교육이라고는 초등 교육밖에 받은 것이 없는 사람이었다. 13세에 학교를 그만둔 크롤은 순전히 독학으로 과학자의 길을 걸었다. 생활을 위해 목수 도제부터 시작해 보험 외판까지 힘들고 어려운 삶을 꾸려나가야 했지만 크롤은 과학자의 길을 포기하지 않았고 빙하기의 도래에 대한 연구에 매진했다. 빙하기 도래에 대한 그의 천문학설은 과학자들의 열렬한 지지를 받게 되었다.

밀루신 밀랑코비치

지구에 도달하는 태양 방사열과 분포를 변화시키는 천문학적인 변화가 빙하기의 원인이 된다는 사실을 수학적으로 증명했다.

보다 유복한 가정에서 태어난 밀랑코비치는 크롤의 연구 내용에 데이터가 부족하다고 느끼고 빙하기 연구에 뛰어들었다. 제1차 세계대전이 일어나 연구에 어려움이 있었으나 전쟁도 그의 연구를 방해하지는 못했다. 결국 밀랑코비치는 지구에 도달하는 태양 방사량과 분포를 변화시키는 천문학적인 변화가 빙하기의 원인이 된다는 사실을 수학적으로 증명했으며, 과거 어느 시기의 태양 방사량 변화도 계산해낼 수 있게 되었다. 그가 계산해놓은 6만 년 동안의 태양 방사량의 변화는 지질학자들이 확인한 유럽 빙하 확대 시기와 놀랄 만큼 일치하는 것이었다. 이 연구는 후에 바다 밑바닥의 퇴적층과 극 지방의 빙하 밑의 얼음 코어를 조사함으로써 더욱 사실로 받아들여지게 되었다.

이들의 연구 결과는 하나같이 태양 주위를 도는 지구 궤도의 미세한 변동과 지구 회전축의 각도 변동이 특정한 위도에 도달하는 태양 복사 에너지량에 작지만 중요한 변화를 일으킨다

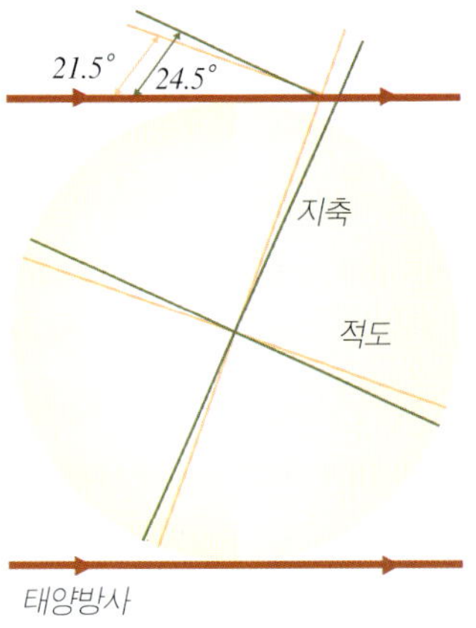

는 것이다. 이러한 변동 요인을 형성하는 지구의 운동은 다음 세 가지로 정리할 수 있다.

지구의 세차운동

팽이가 약하게 돌 때는 팽이 꼭대기의 회전축이 흔들리게 된다. 지구는 완전한 구가 아니라 적도 부분이 조금 부풀어 있는 타원체이기 때문에, 태양계의 다른 물체로부터 받는 인력에 의해 지구의 회전축도 머리 흔들기 운동을 하게 된다. 그 때문에 현재는 회전축의 북극이 북극성을 가리키고 있지만 약 4천 년 전에는 용자리의 별을 가리키고 있었고 1만 2천 년 후에는 또 다른 별을 가리키게 된다. 마치 팽이처럼 조금씩 요동치면서 움직이는 지구 회전축의 머리 흔들기 운동은 2만 3천 년을 주기로 한 바퀴를 돌아 다시 북극성을 가리키게 된다고 한다. 동시에 지구의 타원 궤도축 또한 훨씬 느린 속도로 반대 방향으로 돈다. 이 두 가지 운동은 지구 궤도의 춘분, 하지, 추분, 동지 네 분점의 위치를 점진적으로 변화시킨다. 이렇게 분점이 지구 궤도선상을 천천히 움직이는 것을 분점의 세차운동이라 부른다.

이러한 세차운동은 하늘의 별의 위치를 바꿀 뿐 아니라 지구가 태양에서 가장 가까워지고 멀어지는 시기를 바꾸어놓기 때문에 계절의 길이에 영향을 미치게 된다. 즉 지구에 도달하는 태양 복사 에너지의 변동을 의미하는 것이다.

　오늘날의 지구 궤도는 북반구의 겨울에 지구와 태양이 가장 가까워지고 여름에 가장 멀어지게 되어 있다. 이 때문에 겨울은 온화하고 여름은 시원하여 빙하가 성장하기 좋다. 그러나 1만 1천 년 전에는 정반대였기 때문에 북반구의 겨울은 춥고 여름은 무척 더웠다. 빙하가 쇠퇴하는 시기였을 것이다.

　초기의 과학자들은 겨울이 길고 추우면 빙하기가 도래한다고 생각했으나 최근의 연구는 오히려 겨울보다 여름이 빙하기에 미치는 영향이 크다는 것을 밝혀냈다. 겨울은 아무리 온화하다고 해도 얼음이 녹을 정도가 아니기 때문에 별 차이가 없지만, 여름이 서늘하게 되면 겨울 동안 내린 눈과 얼음이 미처 다 녹지 못해 계속 쌓이게 되고 더 많아진 빙설이 태양빛을 반사시켜 기온 저하를 가속화시키기 때문이다.

지축 경사 각도의 변화

지구의 지축 경사는 21.5°에서 24.5° 사이로 4만 년을 주기로 변화한다.

지축 경사 각도의 변화

우리는 지구의 회전축이 약 23.5°로 고정되어 있다고 생각하지만 사실 이 지축의 각도는 계속 조금씩 변하고 있다. 적게는 약 21.5°에서 많게는 24.5° 사이를 오르내리는데 그 주기는 4만 천 년이라고 한다. 현재의 지축 기울기는 그 중간인 23.5°인데, 점차 줄어들고 있다. 이 때 경사 각도가 커진다는 것은 각 반구에서 여름과 겨울 사이에 받는 복사량의 차이가 커지는 것을 의미한다. 그 때문에 계절 사이의 차이가 두드러지게 된다. 반면 경사 각도가 줄어들면 계절 사이의 차이가 감소하여 겨울은 온화하고 여름은 서늘하게 된다. 즉 빙하가 발달하기 쉬운 환경이 되는 것이다.

　결국 지축 경사가 최소가 되고 극 지역이 받는 태양 복사량이 최소가 되었을 때 빙하기가 시작될 확률이 높다는 것이 일반적 이론이다.

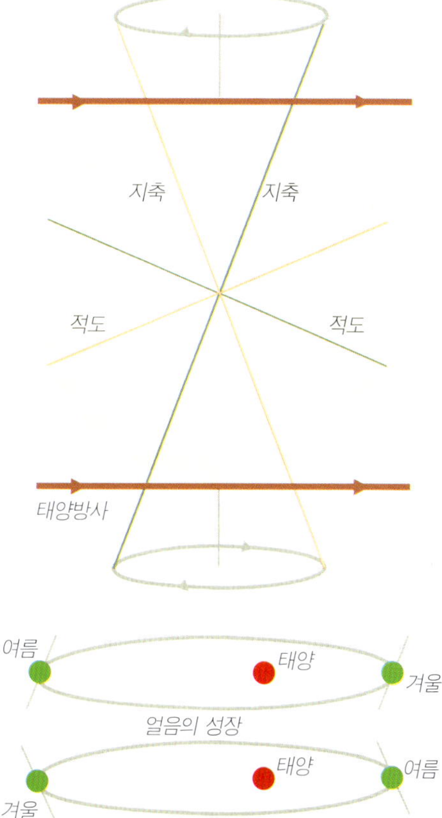

이심률

지구의 공전 궤도는 태양을 중심으로 한 타원형이다. 이 때문에 지구는 1월에 태양에 가장 가깝게 다가서고 7월에 가장 멀리 떨

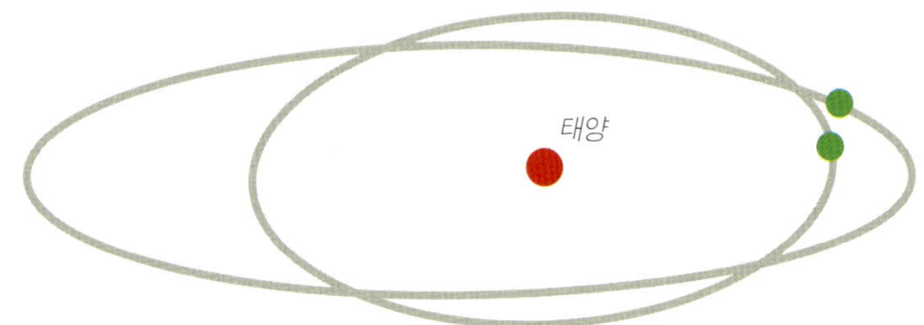

어지게 된다. 지구는 태양에 가까울수록 궤도상의 속도가 가속되고 멀어질수록 느려진다. 그래서 북반구의 추운 계절은 따스한 계절보다 약 일주일 정도 짧아지고 남반구는 반대로 온난한 계절이 짧아진다.

게다가 지구는 매해 항상 똑같은 타원형의 모양으로 도는 것이 아니다. 10만 년에 걸쳐 이 타원형은 거의 원형이 되었다가 다시 최대한의 타원형이 된다. 이것을 이심률이라고 하는데, 이심률이 커질수록 계절에 따른 태양과 지구의 거리가 달라지기 때문에 복사량의 계절 변화도 커지게 된다.

크롤은 지구 궤도가 상당히 긴 타원형이 되었을 때 빙하기가 일어난다고 추측했다. 만약 지구의 궤도 이심률이 최대가 되는 시기에 하나의 반구가 태양에서 멀리 기울어졌을 때 겨울이 오게 되면 겨울은 36일이나 길어지고, 이것이 충분히 빙하기를 시작하는 계기가 될 수 있다는 것이다

기타 다양한 빙하기의 원인들

세차운동, 지축 경사 각도의 변화, 이심률의 변화는 특정한 계절에 지구 표면 위의 특정한 위도에 도달하는 태양 복사 에너지량에 10% 정도의 장기적인 변화를 일으킨다. 이러한 운동은 미세하지만 일정한 주기를 갖고 있어 사전에 어느 정도 예측이 가능

하기 때문에 빙하기의 도래를 미리 짐작하게 해준다. 실제로 지질학자와 해양학자들은 수십만 년에 걸친 과거의 기후 변화를 측정하여 빙하기와 간빙기의 도래가 이들 지구 운동의 변화와 일치함을 증명해 보였다.

하지만 이것이 빙하기의 도래 시기를 예측하게 해준다고 해도 이때 일어나는 태양 복사 에너지의 변동량이 아주 작기 때문에 빙하기의 큰 추위를 설명하는 데는 부족함이 있다. 과거의 흔적을 살펴보면 빙하기의 기후 변화는 4~10도에 이르는 큰 변동이었던 것이다. 최근의 기상학자들은 지구 궤도 변화에 의해 야기된 미약한 온도 변화가 대기권의 화학적 요소와 먼지의 변화, 그리고 지구 표면 반사율의 변화 때문에 증폭되었을 것으로 추정하고 있다.

극 지방의 빙하에 갇혀 있던 기포의 화학적 성분을 분석해보면 빙하기 동안 대기의 이산화탄소와 메탄가스가 간빙기인 오늘날보다 적었음을 알 수 있다. 이 가스들은 지구에 온실 효과를 일으켜 지표의 온도를 높이는 중요한 온실 기체이다. 대기 중에 온실 기체가 적었다는 것은 외계로 달아나는 지표의 방출 복사 에너지를 잡아두지 못해 지상의 온도가 낮았다는 뜻이 된다. 그러나 대기 중의 온실 기체 농도가 왜 빙하기에 특별히 적었는지 그

그린랜드 유빙과 빙산

얼음이 없던 그린랜드가 어떤 이유로 인해 얼음이 지배하는 땅으로 바뀌어버렸다.

이유는 아직 밝혀지지 않았다.

먼 옛날의 빙하는 당시 빙하기 동안 대기 중에 온실 가스가 적었을 뿐 아니라 반면 먼지의 양이 아주 많았음을 보여준다. 대기 중에 떠 있는 미세한 먼지는 태양 에너지를 반사시켜버리기 때문에 지표를 더욱 냉각시킨다.

또한 세계가 빙하기로 접어들면 지표면의 많은 부분이 눈과 빙설로 덮이게 된다. 눈과 얼음은 강한 반사 표면을 갖고 있어 태양 에너지를 반사해버리고 하층 기권을 더욱 냉각시켜버린다. 이러한 여러 가지 요인들이 천문학적인 요인들과 결합하여 빙하기의 온도 변화를 증폭시켜온 것이다.

반면 짧은 기간 동안 계속되는 소빙하기는 대빙하기 같은 주기

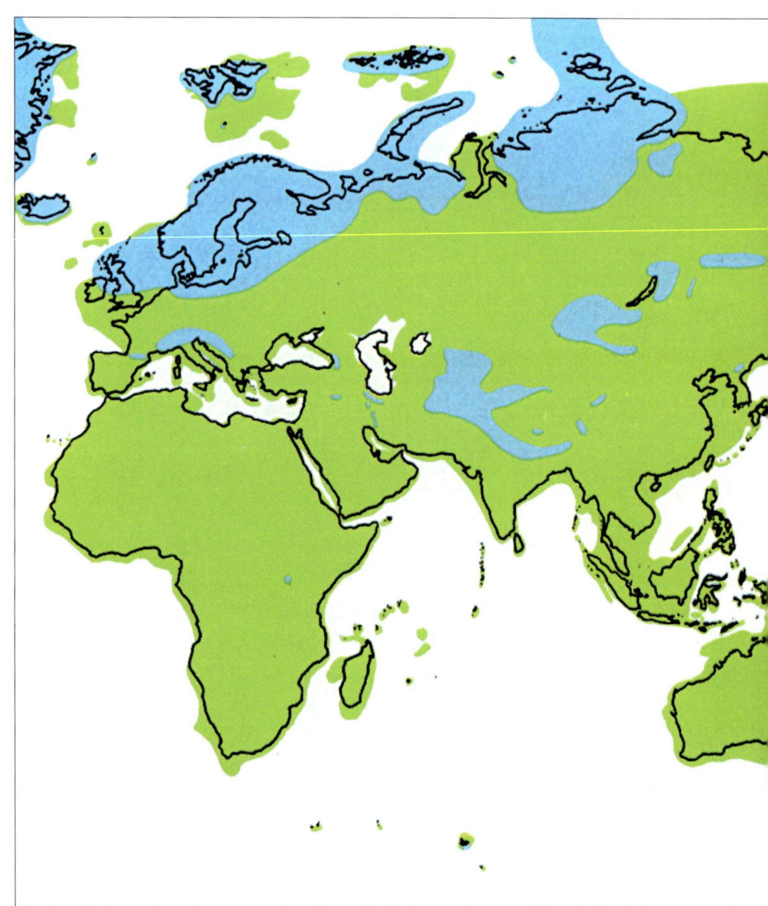

성을 띠지 않으며 천문학적인 운동과는 별 상관이 없는 것으로 추정된다. 일부 학자들은 태양에서 방출되는 에너지의 변화가 소빙하기를 형성한다고 주장하지만 뚜렷한 증거는 아직 없다. 오히려 거대한 화산 폭발과 같은 지구 내부적인 요인이 그 원인일 것으로 생각된다.

거대한 화산 폭발이 일어날 경우 먼지는 몇 달에서 몇 년 사이에 땅으로 떨어져버리지만, 화산이 방출한 SO_2 기체와 수증기의 상호 작용에 의해 만들어진 화산의 작은 물방울은 높은 대기권에 오랫동안 남아 태양빛을 반사시켜버리기 때문이다. 실제로 1883년에 있었던 크라카타우 화산과 1815년의 탐보라 화산 폭발은 북반구의 평균 지면 온도를 약 0.3~0.4도 낮추었다. 그보다

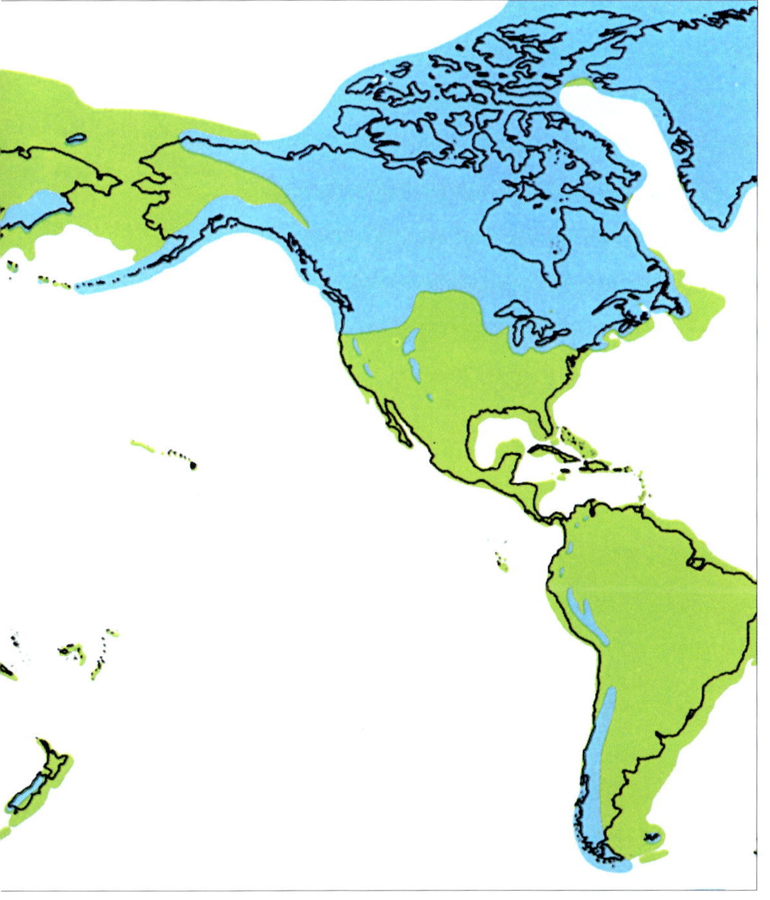

1만 8천 년 전의 빙하기

당시 최고조에 달했던 빙하는 지구상의 상당 부분을 덮었다. 그 때문에 대륙의 모양도 바뀌어 몇몇의 육교가 나타났다.

더 큰 화산 폭발로 알려진 7만 4천 년 전의 토바 화산 폭발은 북반구의 온도를 3~5도나 떨어뜨린 것으로 추정된다.

이 외에도 대륙의 이동과 해류의 염도 순환이 빙하기를 촉발한다는 주장이 있다. 또한 운석의 충돌에 의해 발생한 먼지층이나 식물군의 변화가 빙하기를 이끈다는 이론도 있다.

아직 빙하기가 발생하는 수수께끼는 완전히 풀리지 않았지만 여러 가지 요인들이 복합적으로 얽혀 상승 작용을 일으키는 것으로 추정되고 있다.

빙하기는 다시 오는가

마지막으로 빙상이 최고조에 달했던 것은 대략 1만 8천 년 전의 일이라고 한다. 이때에는 지구 표면의 약 3분의 1이 평균 두께 1,500m의 얼음에 묻혀 있었다. 그린랜드도 지금보다 세 배가 컸으며, 아이슬란드도 완전히 얼음에 덮여 있었고, 워싱턴과 일리노이, 오하이오도 빙하의 나라였다. 심지어 유럽의 독일, 프랑스, 이탈리아 일부도 얼음에 덮여 있었고, 산꼭대기 같은 고지대에 생기는 빙하가 뉴질랜드, 오스트레일리아, 적도 부근에 있는 하와이의 마우나케아와 마우나로아 산에까지

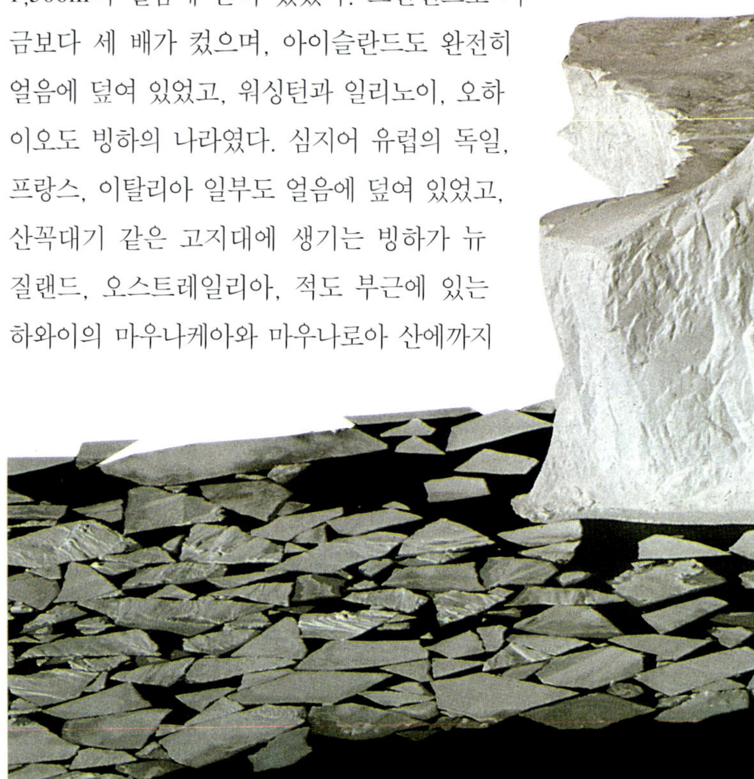

확장되었다. 이 때문에 많은 물이 얼음으로 변하면서 해수면은 120m 가량 내려갔고 육지가 약 8%나 늘어났다고 한다. 덕분에 영국은 프랑스와 육지로 연결되었고, 현재 바다로 나누어져 있는 다른 많은 지역도 육지의 다리로 연결될 수 있었다.

이 빙하기가 끝난 것은 대략 1만 년 전의 일이라고 한다. 그렇다고 그후에 계속 기온이 상승했던 것은 아니다. 중간 중간 작은 추위가 있었는데 약 8천 년 전과 5천 년 전, 그리고 기원전 10세기에서 기원후 13세기 사이에도 다시 빙하가 발달한 적이 있다. 소빙하기라고 불리는 마지막 추위는 1550년에서 1900년 사이에 있었는데, 이러한 추위는 대략 2,600년을 주기로 반복된 것으로 나타났다.

표류하는 빙산

지금도 북극과 남극에 남아 있는 많은 얼음은 현재 지구상에 빙하기가 완전히 끝난 상태가 아니라는 것을 보여준다.

이후 1950년대까지는 세계적으로 기온이 상승하여 매우 온화한 시대였다. 일종의 간빙기였던 것으로 추정된다. 그러나 그후 세계의 평균 기온은 다시 내려가기 시작했으며 고위도로 갈수록 기온의 하강은 심각하다. 실제로 지금도 북극과 남극에 남아 있는 많은 눈과 얼음은 현재 지구상에 빙하기가 완전히 끝난 상태가 아니라는 것을 보여준다.

최근의 연구 결과는 산업화에 의해 늘어나는 이산화탄소의 농도가 새로운 빙하기를 재촉할지 모른다고 말한다. 대기 중에 이산화탄소가 늘어나면 온실 효과가 일어나 지표의 온도가 올라가는데 어떻게 빙하기가 오느냐고 생각할지 모른다. 그러나 온실 효과로 대기 중에 온도가 올라가면 북극 쪽으로 더 많은 수증기가 공급되어 더 많은 눈이 지상에 떨어지게 되고, 그 눈이 여름에도 미처 녹지 못하게 되면 점점 얼음이 많아지게 된다. 그리하여 지상의 기온이 떨어지면서 빙하기가 올 수 있다는 것이다. 실제로 과거의 빙하기를 연구한 결과 빙하기가 시작되기 직전에 대기의 온도가 약간씩 높아졌다는 사실이 밝혀졌다.

게다가 미국의 지질조사소의 연구에 따르면 북극에 입사되는 태양빛이 현재 최고조에 달해 앞으로 수천 년 동안은 더 증가할 기미가

매머드 화석

수천 년 전에 살았던 거대한 포유 동물들의 화석은 유럽 전역의 전설 속의 동물을 만들어내기도 했다.

특히 발달한 몸집의
근육은 3m나 되는
가지뿔을 지탱하기
위해 필요했다.

없다고 한다. 그렇다면 앞으로 2천 년 이내에 북극의 얼음이 남쪽
으로 확장되어 새로운 빙하기가 도래할 가능성이 있다는 것이다.

　만약 또다시 지상에 빙하기가 도래한다면 비록 몇 도 정도의
온도 차이라 해도 그것은 50억이 넘는 인류에 지대한 영향을 미
칠 것이 분명하다. 지금의 농경지는 아무 쓸모 없는 곳이 될 것
이고, 대도시는 황폐해질 것이며, 많은 사람들과 동식물들이 살
던 곳을 떠나 이주하거나 목숨을 잃게 될 것이다. 인류는 앞으로
닥칠지도 모르는 빙하기를 예측하는 데 그치지 않고 그에 대한
대비책을 강구해야 할지도 모른다.

빙하기와 함께 사라진 거대 동물들

지금으로부터 2천 년도 더 전부터 중국의 상인들은 시베리아 얼
음 속에서 나타나는 거대한 짐승의 뼈를 사들여 술잔이나 빗 같
은 물건을 만들어 팔았다. 현지 사람들은 이 거대한 짐승을 두려
워했지만, 중국 사람들은 보통 매머드인 이 동물들이 북방의 땅
속에 사는 동물이며 거대한 상아로 땅을 파서 이동하고 햇빛에

닿으면 죽어버린다고 생각했다. 매머드와 같이 수천 년 전에 살

았던 거대한 포유 동물들의 화석은 유럽 전역에 거인의 전설을 만들었고 유니콘과 같은 전설 속의 동물을 만들어내기도 했다.

그러나 과학자들에게 이 낯선 동물의 화석은 이제는 멸종해버린 오래 전의 생명체를 의미했다. 거대한 아일랜드 사슴, 검치호랑이라고 불리는 마케이로더스, 동굴사자, 거대한 나무늘보인 메가테로이드, 긴털매머드와 큰 말, 코뿔소 등 멸종한 포유 동물은 아주 다양했으며 공통적으로 무척 거대한 몸집을 갖고 있었다. 자이언트 비버는 지금의 흑곰만한 몸집을 갖고 있었고, 캥거루는 몸 길이가 3m가 넘었으며, 북아메리카의 나무늘보는 몸무게가 자그마치 7톤에 육박했다. 그런데 이 동물들은 어떻게 왜 멸종해버렸을까?

과학상식백과

천연 아스팔트 타임캡슐

미국 로스앤젤레스에는 '란쵸 라 브레아'라고 불리는 천연의 타르 웅덩이가 있다. 유전 부근에 있는 이 천연의 아스팔트 웅덩이는 타르가 몇백 년에 걸쳐 스며나와 고여 만들어진 것이다. 이곳에서 아주 많은 동물의 뼈가 발굴되었는데 거의 손으로 건져내다시피 할 만큼 많은 뼈들이 들어 있다.

긴털매머드

늑대

처음에 사람들은 이 뼈들이 부근 농장의 가축의 것이라고 생각했다. 그런데 사실 이 뼈들은 거대한 늑대와 검치호랑이, 자이언트 나무늘보, 큰뿔사슴 등 이미 만 년 이상 전에 서식하던 동물들의 뼈였다. 이곳에서는 이미 200종이 넘는

　거대 동물의 멸종은 주로 마지막 빙하기에 일어났는데 이상하게도 빙하가 절정에 달했던 때가 아니라 간빙기에 집중하여 일어났다.

　멸종의 첫 파동은 약 6만 년 전 아프리카에서 시작되었으며 그 후 2만 년 동안 40% 이상의 대형 동물이 멸종했다. 유럽에서는 거의 50%에 해당하는 거대 동물의 멸종이 있었다고 한다. 북아메리카의 멸종은 더욱 극적인 것이어서 겨우 천 년 정도의 기간 동안 거대 동물의 70%가 멸종해버렸다.

　빙하기에는 몸집을 크게 하는 것이 살아남는 데 훨씬 유리한 법이다. 그러다 간빙기가 되어 날씨가 온화해지자 거대한 몸이 오히려 거추장스러워졌던 것일까? 그래서 몸집이 큰 동물은 거

큰뿔사슴의 가지뿔

빙하기의 거의 모든 동물의 뼈가 발굴되었다. 마치 무슨 거대한 동물 화석 캔처럼 오래 전의 동물들을 끈적끈적한 타르 속에 보존하고 있었던 것이다.

　타르 속에 빠진 초식 동물들이 빠져나오려고 몸부림치고 그것을 잡아먹으려고 모여들었던 육식 동물들마저 같이 타르의 덫에 걸려들면서 각양각색의 동물들이 천연의 타임캡슐에 갇혀버린 것이 아닐까, 과학자들은 추정하고 있다.

나무늘보

긴털매머드

매머드는 북반구 전역에 걸쳐 널리 분포되어 있었는데, 긴털코뿔소는 유라시아 대륙에 한정되어 있었다.

동굴곰

몸집은 크지만 위험하지는 않은 초식 동물인 이 곰은 추위를 피해 동굴을 이용했다.

의 대부분 멸종하고 살아남은 후손은 몸집이 훨씬 작아지게 된 것일까?

많은 과학자들이 거대 동물의 멸종 시나리오를 풀기 위해 여러 가지 이론을 내세우고 있다. 시베리아 매머드의 멸종을 연구하는 사람들은 간빙에 영구동토층이 녹으면서 툰드라가 큰 늪으로 바뀌어 매머드가 빠져 죽었다고 주장한다. 그곳에서 발견되는 매머드의 시체들이 똑바로 네 발로 서 있는 형태를 갖고 있었기 때문이다.

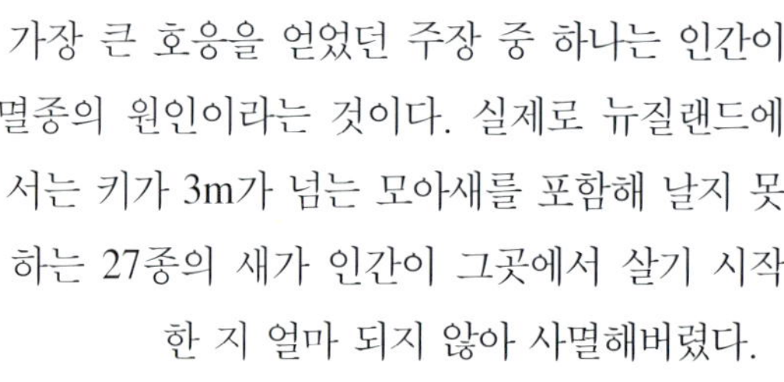

그러나 이 주장은 시베리아 매머드의 멸종에 국한된 주장으로 전반적인 거대 포유 동물의 멸종을 설명할 수 없었다.

가장 큰 호응을 얻었던 주장 중 하나는 인간이 멸종의 원인이라는 것이다. 실제로 뉴질랜드에서는 키가 3m가 넘는 모아새를 포함해 날지 못하는 27종의 새가 인간이 그곳에서 살기 시작한 지 얼마 되지 않아 사멸해버렸다.

협곡이나 수로 같은 지형에서는 천 마리가 넘는 들소 떼가 인간에 의해 사냥 당한 흔적이 남아 있다. 인간은 단체 사냥을 통해 필요한 식량과 생활 용품을 얻어 썼으며 때로는 필요 이상의 동물을 사냥했음에 틀림없다.

그러나 그 당시의 인간이 명예나 즐거움을 위해 사냥을 했을 리 만무하다. 생필품을 충당하기 위한 사냥은 오늘날 육식 동물이 초식 동물을 사냥하는 것처럼 상대를 멸종시키는 정도까지 악랄하게 이루어지지 않는다.

물론 몇몇 종은 인간의 어리석음 때문에 멸종했을 것이다. 수렵인들 중에는 자신들의 주된 먹이인 들소나 순록을 보호하기 위해 다른 초원의 동물들을 멸종시키는 일이 간혹 있기 때문이다. 그러나 이 같은 행위로도 막대한 수의 동물을 멸종시킬 수는 없다.

최근의 연구 결과는 보다 복합적인 원인을 내세우고 있다. 빙하기가 끝나고 찾아온 온난화 기간의 환경 변화 때문에 동물 사이의 상호 관계가 다양하게 변화하고 그 누적된 효과가 거대 동물을 대량으로 멸종시켰다는 것이다. 더 자세히 말하면 인간의 생태계 관여와 기후의 변화, 많은 척추·무척추 동물과 식물들의 생활권의 변화, 육지와 바다의 높이·깊이·넓이의 변화들이 결합하여 오랜 시간 동안 거대 포유류의 멸종을 이끌었다는 것이 지금의 일반적인 생각이다.

검치호랑이

거대한 빙하기 때의 동물로서, 특히 근육이 팽팽하게 발달해 있다.

찾아보기

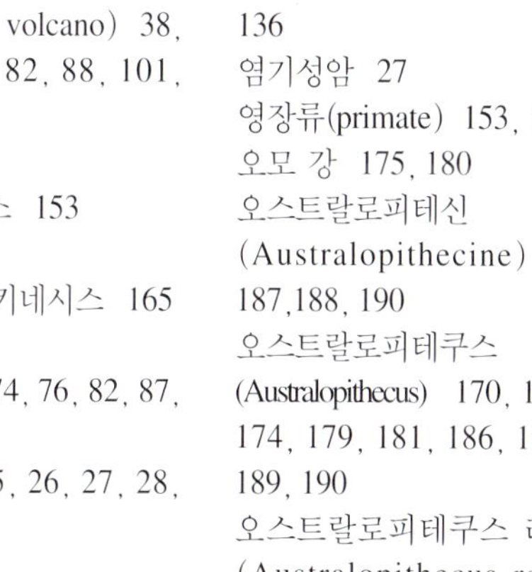

아

자

차

카

타

파

하

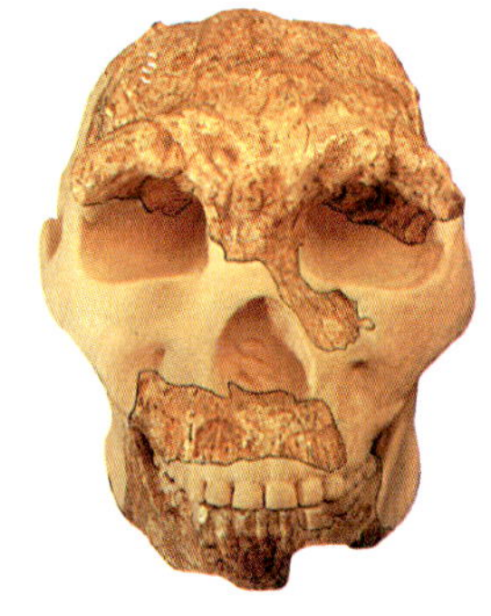

저자 후기

국문학을 전공한 소설가가 지질학 책을 쓴다? 남들이 들으면 웃을 일을 하고 말았다. 처음엔 너무 황당하고 어렵게만 여겨졌던 작업이었다. 그 동안 배달민족의 역사에 대해서는 많은 생각을 해왔지만 한반도와 지질학이라니……. 하지만 자료를 공부하면서 깨달았다. 한반도와 지질, 그것은 결국 우리가 사는 한반도에 대한 땅의 역사이며, 이 땅에 둥지를 튼 생명의 역사였다.

우리나라에는 지진도 거의 없고 화산이 분출하는 일도 없고 유명한 화석이나 세계적으로 부러움을 살 만한 자원도 거의 없다는 것이 일반적인 생각일 것이다. 그러다 보니 화산 영화가 흥행에 성공하고 전세계적으로 공룡 열풍이 불어닥쳐도 우리 입장에서는 항상 남의 일이었고 남의 잔치에 불과했다. 남의 자료로 남의 나라 땅이 언제 어떻게 생겼는지를 아는 일은 별로 재미가 없을 수밖에 없었다. 하지만 조금만 관심을 갖고 찾아보면 한반도가 얼마나 다양한 변화를 거쳐 오늘의 모습을 갖게 되었는지, 이 땅에 얼마나 많은 화산이 널려 있는지 알고 놀라게 될 것이다. 지구라는 역동적인 한 편의 드라마에서 한반도만이 예외였을 리는 없다.

이야기는 한반도에서 끝나지 않는다. 이 땅에 대한 탐구는 한반도도 결국 넓게는 지구의 한 부분이며 이 지구는 민족을 떠나 인간이라는 하나의 종, 더 나아가 모든 생명이 함께 살아가는 하나뿐인 터전임을 깨닫게 해준다. 과거에 이 터전이 어떻게 만들어지고 유지되어왔는지, 그 속에서 생명은 어떻게 살아가고 있는지를 아는 것은 미래를 위한 중요한 준비가 될 것이다.

그것이 인간과 지구 전체의 번영된 미래를 위한 준비가 될 수 있기를 바란다. 지금의 인간은 마치 헛똑똑한 사람들이 지구 전체를 망치려고 애쓰고 있는 것처럼 보이기 때문이다. 애초에 방송으로 끝내려고 했던 한반도 탄생의 이야기를 책으로까지 엮게 된 것도 이 중요한 일을 극히 일부분만 이야기하고 끝나서는 안 된다는 생각에서였다.

1부에서는 지구 탄생에 관한 이야기와 생명의 진화, 5억 년 전 한반도의 여행에 대한 이야기를 주로 다루었다. 한반도가 고생대 동안 적도 부근의 바닷속에 있었다는 여러 가지 증거들을 통해 상상을 뛰어넘는 당시의 지구 모습을 발견하게 되기를 바란다.

2부는 공룡의 천국에 대한 이야기이다. 우리나라가 중생대 백악기 동안 공룡의 천국이었다는 사실을 아는 사람은 많지 않을 것이다. 더불어 공룡의 세계에 대한 최근 정보를 꼼꼼하게 챙겼으니 공룡에 관심이 많은 사람들에게 좋은 자료가 될 것이다.

3부는 한반도의 신생대에 관한 이야기이다. 중생대 말부터 시작된 한반도의 엄청난 화산 활동과 신생대에 비로소 진화의 장에 등장한 인류를 만나보게 될 것이다.

그 동안 이 분야의 이야기가 너무 어려웠던 것도 사실이다. 그래서 이 책이 좀더 쉽게 사람들에게 다가가게 되기를 바란다. 특히 어린 학생들과 젊은이들에게 말이다. 나 역시 이 분야의 문외한이기 때문에 문외한의 심정을 제일 잘 알고 썼으니 읽기에 큰 어려움은 없으리라 생각한다.

대신 실수를 하지 않기 위해 여러 교수님들께 많은 도움을 받았다. 격려와 질책을 아끼지 않고 도와주신 교수님들께 진심으로 감사를 드린다. 그분들이 발로 뛰어 열심히 연구하신 내용을 컴퓨터 앞에 앉아 날콩날콩 집어먹기만 한 것 같아 죄송한 마음 그지없다.

무엇보다 작업을 도와준 가족들에게 감사한다. 특히 매일 닫힌 작업실 문을 두드리며 엄마를 부르던 종휘에게 제일 큰 공을 돌리고 싶다. 이 겁없는 작업이 한반도와 지구의 힘과 역사를 널리 알리는 데 작은 도움이나마 되기를 바란다.

1997년 12월

유정아

한반도 30억 년의 비밀 / 3부-불의 시대

첫판 1쇄 펴낸날 · 1998년 3월 20일
     5쇄 펴낸날 · 1999년 7월 20일

지은이 · 유정아
펴낸이 · 김혜경
편집주간 · 김학원
기획실 · 김수진 조영희 선완규
편집부 · 한예원 임미영 고연경
디자인 · 김진 이열매
영업부 · 이동흔 엄현진
제 작 · 김영회
관리부 · 권혁관 임옥희 윤혜원
편 집 · 다운출판
인 쇄 · 인성인쇄
제 본 · 정민제본

펴낸곳 · 도서출판 푸른숲
출판등록 · 1988년 9월 24일 제11-27호
주소 · 서울시 서대문구 충정로 3가 270
       푸른숲 빌딩 4층, 우편번호 120-013
전화 · (기획실) 362-4457~8 (편집부) 364-8666
       (영업부) 364-7871~3
팩시밀리 · 364-7874
http://www.prunsoop.co.kr

ⓒ 푸른숲, 1998

ISBN 89-7184-183-4
ISBN 89-7184-180-× (세트)